普联网移动应用指南

中国石油信息技术服务中心　编著

石油工業出版社

内 容 提 要

本书以作者长期实践经验为基础，结合前沿技术，较为详细地介绍了普联网移动应用的主要技术内涵及实操技巧。

本书既有理论分析，又有实操指南，可供大专院校计算机专业的师生、企事业单位信息化工作者以及经常使用电脑网络和智能终端的人员参考。

图书在版编目（CIP）数据

普联网移动应用指南 / 中国石油信息技术服务中心编著.
北京：石油工业出版社，2013.12
ISBN 978-7-5021-9758-2

Ⅰ. 普…
Ⅱ. 中…
Ⅲ. 移动网－指南
Ⅳ. TN929.5-62

中国版本图书馆 CIP 数据核字（2013）第 215087 号

出版发行：石油工业出版社
（北京安定门外安华里 2 区 1 号　100011）
网　址：www.petropub.com.cn
编辑部：(010) 64523561　发行部：(010) 64523620
经　销：全国新华书店
印　刷：北京中石油彩色印刷有限责任公司

2013 年 12 月第 1 版　2013 年 12 月第 1 次印刷
787×1092 毫米　开本：1/16　印张：12.25
字数：304 千字

定价：68.00 元
（如出现印装质量问题，我社发行部负责调换）

《普联网移动应用指南》
编 委 会

前　　言

一场信息革命正悄无声息地发生，移动应用技术正以史无前例的速度广泛传播，产生惊人的影响，科技进步飞速前进，突破创新不断发展演进，变化即将到来，我们真不知道未来以什么方式来体现。但现在的物联网、云计算、云存储、大数据、虚拟现实、移动互联网给我们大胆的想象，笔者预言，未来世界将是一个普联的世界，也必将有一个普联网，它是一个桥梁，把服务商、运营商、厂商、创业者、投资者、用户，甚至设备和数据紧密关联，它给物质世界打上数字标签，以各种形式融入各类网络，通过网网对接，将电脑、钱包、纸张、娱乐、社交、医疗、图书、教育、建筑、金融等物质世界进行互联互通，使移动应用真正完全融入人类生活，它和我们每个人息息相关，可以提供更快捷方便的体验，提高市场效率，削减中间成本，让服务唾手可得，成为解放人类的新力量。

新的技术、新的设备、新的应用格局正不断挑战我们的生活方式和商业模式，适应才能生存，变化才能发展。本书就是在这种背景下应运而生的，探讨了新形势下移动应用的发展状况、发展趋势，站在了时代的前沿，从指导性和实用性角度出发，阐述了移动应用的重要知识点和使用技巧，是一本快速上手的宝典、学习知识的捷径。我们期望用生动典型的案例、具体的操作方法给您最实用的知识，以期推广移动应用技术，并推动技术创新和产业发展。

本书共分八部分，包括：移动应用的整体情况及发展趋势（1），移动智能终端、移动网络、移动平台、移动应用安全、移动应用软件等移动应用的概念、原理、热点和前沿技术（2 ~ 6），苹果、安卓、Windows 等主流终端设备的使用技巧（7），案例介绍（8）。本书涉及移动应用的各个方面，对移动应用近年来的发展状况进行了全景扫描，对移动应用的未来发展趋势做了预测分析。

本书在编写过程中参考了大量的资料和书籍，其中一部分已在书后的参考文献中列出，但因时间仓促和联系方式不详，尚有部分文献资料未与作者取得联系。在此向这些文献的作者表示感谢，请作者与本编委会联系。

由于编者知识水平有限，书中难免存在疏漏和不当之处，恳请读者批评指正。

联系电话：（010）59984964

电子邮件：cnpcit@126.com

微　　博　http：//weibo.com/itcnpc

目　录

1 综述 …… 1
1.1 概述 …… 1
1.2 应用范围 …… 2
1.3 产业领域 …… 2
1.4 发展趋势 …… 3
2 移动智能终端 …… 6
2.1 概述 …… 6
2.1.1 定义 …… 6
2.1.2 分类 …… 6
2.2 智能手机的特点 …… 7
2.3 前沿技术 …… 7
2.3.1 增强现实技术 …… 7
2.3.2 移动穿戴技术 …… 8
2.3.3 位置移动运用技术 …… 11
2.3.4 无线充电技术 …… 12
2.3.5 体感技术 …… 15
2.4 发展趋势 …… 16
2.4.1 市场 …… 16
2.4.2 产业 …… 16
2.4.3 产品和功能 …… 17
2.4.4 商业模式 …… 17
2.4.5 技术 …… 18
3 移动网络 …… 19
3.1 概述 …… 19
3.1.1 定义 …… 19
3.1.2 业务方向 …… 19
3.2 特点 …… 20
3.3 移动通信技术 …… 21
3.3.1 2G …… 21
3.3.2 3G …… 21
3.3.3 4G …… 22
3.3.4 WLAN 及 Wi-Fi …… 22
3.3.5 蓝牙 …… 23
3.3.6 近距离无线通信技术 …… 23
3.3.7 虚拟专用网络 …… 23

3.4 无线音频传输技术 …… 24
3.4.1 FM 和 AM …… 24
3.4.2 红外线传输 …… 24
3.4.3 2.4G 技术 …… 24
3.4.4 RF 射频技术 …… 25
3.4.5 DAB 数字广播 …… 25
3.4.6 UWB …… 26
3.4.7 WiHD 和 WHDI …… 26
3.5 发展趋势 …… 27
3.5.1 发展机遇与挑战 …… 28
3.5.2 下一代移动通信技术 …… 28
3.5.3 下一代无线局域网技术 …… 29
4 移动平台 …… 30
4.1 概述 …… 30
4.1.1 iOS …… 30
4.1.2 Android …… 32
4.1.3 Windows …… 36
4.1.4 其他 …… 37
4.2 特点 …… 38
4.2.1 时间碎片化 …… 38
4.2.2 手势的应用 …… 38
4.2.3 屏幕的限制 …… 40
4.2.4 限制输入 …… 40
4.2.5 流量与费用的考虑 …… 40
5 移动应用安全 …… 41
5.1 概述 …… 41
5.1.1 安全需求 …… 41
5.1.2 安全问题 …… 42
5.2 移动互联网 …… 42
5.2.1 安全目标 …… 42
5.2.2 不安全因素 …… 43
5.2.3 第三代移动通信网的其他安全漏洞 …… 44
5.2.4 第三代移动通信主流安全技术 …… 44
5.2.5 安全解决方案 …… 46
5.3 移动智能终端安全 …… 46
5.3.1 智能终端各平台安全隐患 …… 47
5.3.2 移动智能终端面临的信息安全形势 …… 48
5.3.3 智能终端面临安全问题的根源 …… 48
5.3.4 移动终端安全发展趋势和解决思路 …… 49

5.4 移动应用软件安全 …… 49
5.4.1 移动应用规模与应用深度 …… 49
5.4.2 移动应用的安全体系结构 …… 50
5.4.3 做好软件安全的步骤 …… 50
5.4.4 运用软件测试提高软件安全性 …… 52
6 移动应用软件 …… 54
6.1 概述 …… 54
6.1.1 定义 …… 54
6.1.2 分类 …… 54
6.2 开发 …… 61
6.2.1 开发模式 …… 61
6.2.2 开发环境 …… 65
6.2.3 开发语言 …… 72
7 使用技巧 …… 78
7.1 苹果设备的使用 …… 78
7.1.1 iPad 使用指南 …… 78
7.1.2 应用商店 …… 85
7.1.3 苹果 TV 应用 …… 86
7.1.4 苹果伴侣 U 盘在苹果设备中的应用 …… 87
7.1.5 通过 ICCID 找回 iPhone 的方法 …… 95
7.1.6 使用技巧 …… 96
7.2 安卓设备使用 …… 116
7.2.1 基本操作 …… 116
7.2.2 豌豆荚 …… 118
7.2.3 91 助手 …… 122
7.2.4 应用商店 …… 124
7.2.5 热点推荐 …… 126
7.2.6 使用技巧 …… 126
7.3 Windows Phone 设备使用 …… 129
7.3.1 基本操作 …… 129
7.3.2 应用商店 …… 130
7.3.3 使用技巧 …… 131
7.4 其他技巧 …… 132
7.4.1 多号码共享 …… 132
7.4.2 移动学习 …… 136
8 移动应用案例 …… 138
8.1 电子书应用 …… 138
8.1.1 电子书架 …… 138
8.1.2 电子书制作技巧 …… 138

8.2 车位系统移动应用 …… 143
8.2.1 应用情况 …… 143
8.2.2 开发经验 …… 144
8.2.3 系统使用 …… 149
8.3 电话簿应用 …… 150
8.4 移动视频会议技术方案 …… 150
8.4.1 方案介绍 …… 150
8.4.2 方案特点 …… 151
8.4.3 移动视频会议系统功能 …… 152
8.5 通过 VPN 访问内网 …… 153
8.5.1 VPN 工作原理 …… 153
8.5.2 VPN 应用 …… 153
8.6 桌面虚拟化方案设计 …… 155
8.6.1 技术方案 …… 155
8.6.2 硬件配置 …… 156
8.6.3 软件配置 …… 157
8.7 智能终端远程视频监控 …… 157
8.7.1 概述 …… 158
8.7.2 工作原理 …… 159
8.7.3 主要应用 …… 159
8.7.4 案例介绍 …… 160
8.8 企业微博 …… 162
8.8.1 概述 …… 162
8.8.2 企业微博管理 …… 164
8.8.3 企业微博营销管理系统选用 …… 165
8.8.4 展望 …… 167
8.9 二维码应用 …… 167
8.9.1 二维码定义 …… 167
8.9.2 二维码分类 …… 168
8.9.3 二维码应用 …… 169
8.9.4 二维码产业展望 …… 171
8.10 同步演示推送 …… 171
8.11 云技术应用 …… 172
8.11.1 拓扑图 …… 172
8.11.2 连接流程 …… 172
8.11.3 功能实现 …… 173
8.11.4 公司云使用 …… 174
8.11.5 微云使用 …… 177
参考文献 …… 186

1 综 述

一场信息革命正悄无声息地发生，移动应用技术正以史无前例的速度传播，发展速度超越摩尔定律，产生惊人的影响，即使在科学发达的今天，仍然不能预测到移动应用延伸的边界、发展速度的极限以及未来发展的止境。当前，全球移动智能终端的出货量超越个人计算机（PC），全球无线联网设备已超 100 亿台，中国移动网民数量超过 5 亿，移动终端产品生命周期从 1 年递减到 3 个月。2012 年出货量超过历史出货量总和，2013 年平板电脑（Pad）出货首度超过笔记本电脑。手机用户达 2.46 亿，微信注册用户达到 3 亿，新浪微博达到 3.5 亿，手机 QQ 有 7 亿用户，淘宝天猫交易总额突破万亿，苹果应用商店累计下载近 400 亿次，2013 年“双 11”电商交易突破 300 亿……移动应用产业在短短五年之内，已实现了计算机和桌面互联网十余年才能达到的目标。移动应用成为当今世界发展最快、市场潜力最大、前景最诱人的业务。举目四望，移动应用像一场革命，已经无处不在。未来世界将是一个普联的世界，物质世界被打上信息标签，也必将有一个发挥桥梁作用的普联网，将服务商、运营商、厂商、创业者、投资者、用户，甚至设备和数据紧密关联，让普联网移动应用真正完全融入我们的生活。

1.1 概述

近年来，特别是 2012 年，是中国移动应用继续高速发展的一年，也是具有标志性意义的一年。中国移动应用的用户数大幅度增长，远远超过中国网民的增长幅度。手机网民数量首次超过 PC 网民数量，预示着移动网民将继续大幅增长，移动互联网市场规模与空间将异常广阔。移动应用继续快速、全面地渗透到社会生活的各个方面，成为人们有用、爱用的便捷工具。

移动应用（Mobile Application）的英文缩写是 MA。广义移动应用包含个人以及企业级应用。狭义移动应用指企业级商务应用。简单地说，普联网移动应用就是依托移动网络，通过移动智能终端，访问不同的应用系统，满足不同的应用服务。不可或缺的因素有移动智能终端、移动网络以及移动应用系统。移动应用发展迅猛，短信、铃图下载、移动音乐、手机游戏、视频应用、邮件收发、手机支付、位置服务、协同办公等都能通过手机、平板电脑等移动智能终端实现。当然，由于目标不同，实际的开发语言可能不同，开发软件实现功能也各不相同，具体的开发系统也可能不同。尽管如此，各项服务大都能在移动智能终端上实现，满足 24 小时在线需要。移动应用正深刻改变着我们的生活，表现出巨大的影响力，迎来了新的发展高潮。

1.2 应用范围

我们通常把移动应用的范围划分为三个层面，分别是整合应用层、实际应用层、支撑功能层，如图 1.1 所示。

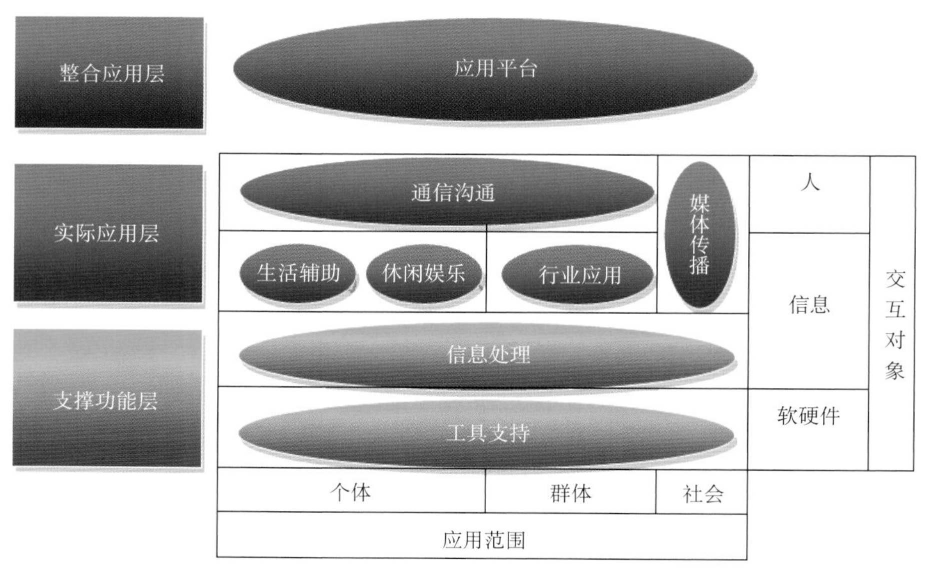

图 1.1 移动应用的范围划分图

在整合应用层，以移动应用平台的形式体现出来。在实际应用层，以通信沟通、媒体传播、生活辅助、休闲娱乐和行业应用五类形式体现。在支撑功能层，以信息处理和工具支持两类形式体现。

支撑功能层上的信息处理和工具支持面向个体、群体和社会服务，其中工具支持包括最底层的软件和硬件设备，为上层业务提供基础支撑，但不与最终用户发生交互。普通用户接触最多的是通信沟通、媒体传播以及休闲娱乐，行业应用面向群体，有其相对专业的内容。

从应用范围层面划分，八种不同领域的移动应用分别具有不同的发展关键。通信沟通类是运营商的战略防御“要地”；媒体传播类是“移动新媒体”战略的基石；生活辅助类是推动人类和谐生活的智能助理；休闲娱乐类是赢利能力强劲的“黄金之地”；行业应用类是行业移动信息化的“支柱”；信息处理类是技术领先的“关键”；工具支持类是移动设备的安全护理“卫士”；应用平台类是多个应用整合的“舞台”。

1.3 产业领域

移动应用作为前景广阔的发展领域，与广泛的技术和产业相关联，主要涵盖六大技术产业领域，如图 1.2 所示。

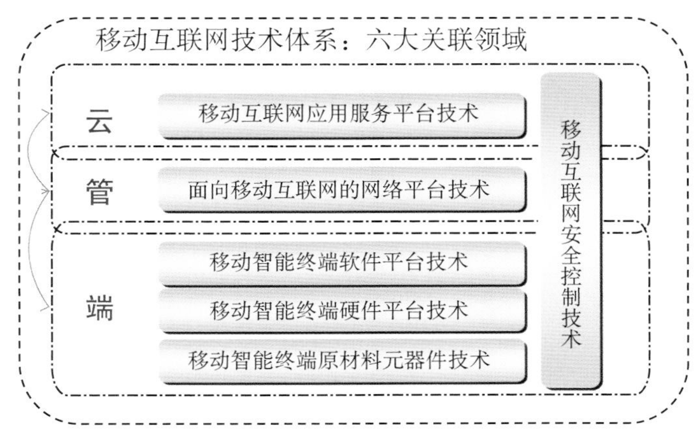

图 1.2　移动应用的技术体系

在六大技术产业领域中，当前竞争的焦点在移动智能终端，因此智能终端软硬件技术是移动应用技术产业中最为关键的技术。在移动应用的整体架构中，终端在当前发展阶段占据了举足轻重的地位，这不仅是由于移动应用还处于初期发展阶段，体系林立、平台多样化的原因，更重要的是移动智能终端的个性化、移动性、融合性的诸多特点本身就是移动应用发展创新的根本驱动力。

目前主流的移动智能终端软件体系包括四个层次：基本操作系统、中间件、应用程序框架和引擎及接口、应用程序。其中，基本操作系统包括操作系统内核和对硬件设备的支持，如驱动程序；中间件包括操作系统的基本服务部分，如核心库、数据库支持、媒体支持、音视频编码等；应用程序框架和引擎及接口包括应用程序管理、用户界面、应用引擎、用户界面和应用引擎的接口等；应用程序一般包括两大类：轻量级 Web App 和侧重本地应用的 Native App。

处理器芯片是移动智能终端硬件体系的核心部分。智能手机引入的大量应用促生了应用处理芯片，以支持操作系统、应用软件以及音视频、图像等功能的实现。除核心芯片外，终端硬件还包括外设部件，如显示屏、键盘、面板、SD 卡、摄像头、传感器等。目前外设领域创新迅速，既有功能的变化，也有新硬件的添加。摄像头和外存储等配件等级不断提升，而重力、方向、温度、距离等传感器逐步被引入中高端智能终端，支持传感类新型应用。

1.4　发展趋势

当前，移动应用是新兴事物，在我国仍处于萌芽期；移动应用产业的各环节尚没有形成通畅的管道；移动运营商通过知识产权掌控产业链的能力还不强，是制约发展的缺陷，移动应用产业的发展任重道远。我国智能终端企业将经历从产能化、品牌化到技术引领的艰难历程。

对于移动应用的前景，我们分别从移动智能终端、移动网络、移动软件开发三个方面进行简单的阐述。移动智能终端操作系统、核心芯片及重要元器件、整机制造、应用服务是整个移动应用产业当中参与度最高、竞争最激烈、技术革新最活跃的领域。

（1）移动智能终端的多核处理器，更快的CPU，更大的内存和屏幕尺寸、更高的分辨率、更高性能的终端硬件将不断出现。硬件发展重点将从单一硬件能力比拼转向多种能力整合，吸引更多的厂商涌入，第三方工厂不断增大增多，抢占移动应用平台制高点的竞争会日趋激烈。

（2）移动网络用户呈现从5000万核心用户向13亿用户蔓延的趋势。移动应用上升很快，正以6个月为周期快速迭代，4G在不久的将来得到普及，移动用户数量会随之大量增加。根据国外某公司对全球移动网络应用趋势的预测，到2015年，全球将有大约6亿个移动设备。

（3）在移动软件开发上，移动应用软件将成为焦点，人员队伍不断壮大，语言架构不断更新。基于服务的软件不断增多，硬件和软件将达到前所未有的融合，平台与软件的结合形成用户的整合体验，信息化产品的附加值不断提高。智能终端操作系统是现阶段整个移动应用产业的技术创新主线，正以前所未见的速度演化，Android系统初步占据主导地位。操作系统与应用服务耦合加剧。

2012年10月22日Gartner对未来五年的10大关键趋势作出如下预测：

（1）移动设备的战争。

2013年，移动设备将超过PC成为最常用的上网工具。到2015年，成熟市场80%的手持设备都将是智能手机。到2015年，平板电脑的发货量将达到PC的50%，Windows 8将成为苹果和Android平板之后的第三大平板电脑系统。

（2）移动应用与HTML5。

从2014年开始，JavaScript的性能将推动HTML5成为主流的应用开发环境。随着HTML5功能的不断完善，原生应用将逐渐向HTML5迁移。

（3）个人云。

云计算将成为未来数字生活的中心，对应用、内容和喜好都是如此。设备间实现同步，设备的重要性在降低，服务将更加重要。

（4）物联网。

今天超过50%的互联网连接都是“装置”的连接。2011年有超过150亿个“装置”连入互联网，建立了超过500亿个物物连接。关键的物联网技术包括嵌入式传感器、图像识别和NFC近场通信。预计到2015年，超过70%的企业中都会有专门的高级主管负责物联网的管理。

（5）混合IT与云计算。

云计算正在改变IT，IT部门在协调IT相关事务时需要扮演更多角色。

（6）战略性大数据。

企业将关注更多非传统的数据类型和外部数据源。Hadoop和NoSQL将起势。大数据将与社会化网络结合。Web上最丰富的五大数据资源分别是社交图谱、意向图谱、消费图谱、兴趣图谱和移动图谱。传统单一企业数据仓库的概念已经过时，大数据需要多种系统的整合。

（7）可行性分析。

云计算、打包分析应用和大数据将在2013—2014年加速发展，企业能分析和模拟所有业务策略的执行。移动设备将能访问数据，参与业务决策制定。

（8）主流内存计算。

内存计算将大大提升性能和响应速度，实时自助式商业智能将成为可能。

（9）集成化生态系统。

越来越多的服务被打包以解决基础设施和应用负载问题。“一体机”（Appliance）的出货量将增加，以硬件为载体销售软件。虚拟一体机未来五年将逐渐流行。

（10）企业应用程序商店。

预计在2014年后，每年将有超过700亿个移动应用从应用程序商店下载。大多数企业将通过企业内部应用程序商店向员工提供移动应用的下载。

2　移动智能终端

2.1　概述

2.1.1　定义

移动智能终端即移动通信终端，形式以智能手机和平板电脑为代表，其移动性主要体现在移动通信能力和便携性，其智能性主要体现在具备开放的操作系统平台（应用程序的灵活开发、安装与运行）、PC 级的处理能力、高速接入能力和丰富的人机交互界面。

移动终端作为简单通信设备，伴随移动通信发展已有几十年的历史。自 2007 年开始，智能化引发了移动终端基因突变，根本改变了终端作为移动网络末梢的传统定位，移动智能终端几乎在一瞬间转变为互联网业务的关键入口和主要创新平台，成为新型媒体、电子商务和信息服务平台，其操作系统和处理器芯片甚至成为当今整个信息通信技术（Information and Communications Technology，ICT）产业的战略制高点。移动智能终端引发的颠覆性变革揭开了移动互联网产业发展的序幕，开启了一个新的技术产业周期。

2.1.2　分类

2.1.2.1　智能手机

智能手机（Smartphone），通俗地讲就是一个简单的“1+1=1”的公式，即“掌上电脑＋手机＝智能手机”。从广义上说，智能手机除了具备手机的通话功能外，还具备了掌上电脑（Personal Digital Assistant，PDA）的大部分功能，特别是个人信息管理以及基于无线数据通信的浏览器和电子邮件功能。

判定一款手机是否为智能手机，并不仅仅是看其是否支持 MP3、HTML 页面浏览、外插存储卡等功能，还要看它是否具有操作系统。也就是说，我们要看操作系统的程序扩展性，看它是否支持第三方软件的安装及应用。“智能手机”这个说法主要是针对“功能手机（Feature phone）”来说的，本身并不意味着这个手机有多“智能（Smart）”。从另一个角度来讲，所谓的“智能手机”，就是一台可以随意安装和卸载应用软件的手机（就像电脑那样）。“功能手机”是不能随意安装、卸载软件的，JAVA 的出现使后来的“功能手机”具备了安装 JAVA 应用程序的功能，但是 JAVA 程序的操作友好性、运行效率及对系统资源的操作都比智能手机差很多。

智能手机操作系统的主要代表有以下几类：

■ iOS 操作系统，代表品牌：iPhone；

■安卓（Android）操作系统，代表品牌：三星；

■ Windows Phone 操作系统，代表品牌：诺基亚；

■黑莓（BlackBerry）操作系统，代表品牌：BlackBerry；

■塞班（Symbian）操作系统，代表品牌：诺基亚，但诺基亚宣布从 2013 年 1 月 24 日起不再发布 Symbian 操作系统的手机。

2.1.2.2 平板电脑

平板电脑（Tablet Personal Computer）是一种小型、方便携带的个人电脑，以触摸屏作为基本的输入设备。它拥有的触摸屏允许用户通过触控笔或数字笔而不是传统的键盘或鼠标来进行作业。用户可以通过内建的手写识别、屏幕上的软键盘、语音识别或者一个真正的键盘与系统进行交互。

平板电脑操作系统的主要代表有以下几类：

■ iOS 操作系统，代表品牌：苹果 iPad；

■ Android 操作系统，代表品牌：三星 Galaxy；

■ Windows8 操作系统，代表品牌：微软 Surface。

按结构设计不同，平板电脑可分为两种类型，即集成键盘的“可变式平板电脑”和不可外接键盘的“纯平板电脑”。平板电脑本身内建了一些新的应用软件，用户只要在屏幕上书写，即可将文字或手绘图形输入计算机。

2.2 智能手机的特点

智能手机一般具备以下特点：

（1）具备普通手机的全部功能，能够进行正常的通话、收发短信等手机应用；

（2）具备无线接入互联网的能力；

（3）具备 PDA 的功能，包括个人信息管理（PIM）、日程记事、任务安排、多媒体应用、浏览网页等；

（4）具备开放性的操作系统，可以安装更多的应用程序，从而使智能手机的功能得到扩充；

（5）具有人性化的一面，可以根据个人需要扩展机器的功能。

2.3 前沿技术

2.3.1 增强现实技术

增强现实技术英文全称为 Augmented Reality，简称 AR，一般翻译为增强现实，虽然都是创造虚拟事物，但与虚拟现实（Virtual Reality，VR）不同，这种技术的目标是让虚拟世界与现实进行互动。目前，增强现实技术还是较新的研究领域，它利用计算机对使用者所看到的真实世界产生的附加信息进行景象增强或扩张。随着移动设备运算能力的提升，增强现实的用途将越来越广。Azuma 是这样定义增强现实的：虚实结合、实时交互、三维注册。增强现实系统可利用附加的图形或文字信息，对周围真实世界的场景动态地进行增强，在增强现实的环境中，使用者可以在看到周围真实环境的同时，看到计算机产生的增强信息。增强信息可以是在真实环境中与其共存的虚拟物体，也可以是关于存在的真实物体的非几何信息。由于增强现实在虚拟现实与真实世界之间的沟壑上架起了一座桥梁，增强现实的应用潜力是相当巨大的。例如，可以利用叠加在周围环境上的图形信息和文字信息，实时指导操作者对设备进行操作和维护，操作人员无须具备工作经验；可以利用增强现实技术进行教学辅助，增强学习知识的效果，甚至进行高度专业化的训练。

随着技术的发展，移动设备集成了越来越多的传感器，如摄像头、拾音话筒、3D 陀螺仪、GPS 等，加上其屏幕大和便携等特性，使之成为绝好的 AR 呈现工具。利用移动设备的运算能力、软硬配合，能很方便地在移动设备上实现 AR 应用。目前已有多款应用出现在移动应用商店中，这些应用覆盖游戏、旅游、导航、商业等各个方面。目前 AR 技术门槛还相对较高，缺乏相关框架和可利用的开源代码，但这将是移动应用下一阶段的发展方向。

2.3.2　移动穿戴技术

2012 年 2 月，谷歌正式发布了革命性的可穿戴计算设备——谷歌（Google）眼镜。谷歌眼镜成为被寄予无限期望的“MVP”（NBA 术语，最有价值球员）。谷歌眼镜是什么？除了不是眼镜，它可以是智能手机、是移动摄像机、是导航仪、是台微型电脑……几乎用户能想象到的消费电子应用，都能通过谷歌眼镜来实现。自 2012 年 4 月份谷歌眼镜样品发布以来，消费者和整个消费电子界都如同当初期待 iPhone 和 iPad 一样，期待着谷歌眼镜的正式上市。因为谷歌眼镜不仅能给消费者带来全新的体验，也能给整个消费电子产业链带来巨大的商机。可以设想，当今后的通信及计算机行业的发展走到网络无处不在、流量不是瓶颈的时候，可穿戴计算机应用于通信行业必将推广开来。

2012 年 5 月，可连接 Android 和 iOS 设备的智能手表 Pebble Watch 项目从孵化工厂 Kickstarter 的 7 万名支持者那里融资超过 1000 万美元。虽然市面上还有其他智能手表项目，但 Pebble Watch 面临的最大竞争对手应该是苹果，苹果已经获得了 22 项关于可穿戴智能技术的专利，涉及运动鞋、衬衫、滑雪装备等。苹果手表 iWatch 将成为具备功能强大的生物传感器 。据 2013 年 5 月 29 日讯，据国外 KGI 证券分析，苹果 iWatch 将采用生物传感器，其中除了加入 GPS 等智能手机已经具备的部件外，其最大的特色是可以对人体健康进行监测分析，譬如目前较为流行的卡路里消耗计数器将被取代。

2.3.2.1　智能眼镜

图 2.1　谷歌眼镜（Google Glass）

谷歌公司在发布的 Google Glass 的宣传视频中展示了几种常见的操作，比如拍摄照片和视频、语音及触摸式交互、Google Hangout 及各种分享、滑雪时的地图导航以及对 Google Now 的整合。谷歌眼镜实际上就是微型投影仪 + 摄像头 + 传感器 + 存储传输 + 操控设备 + 智能手机的结合体，拥有智能手机的几乎全部功能。通过镜片上的微型显示屏，用户无需动手便可上网冲浪或者处理文字信息和电子邮件，并可以用自己的声音控制拍照、视频通话和辨明方向（具备 GPS 导航功能，地图是谷歌的核心武器）。在具备智能手机功能的同时，智能眼镜还可以满足消费者便携性大屏幕视觉体验的需求（也就是说，用户戴着谷歌眼镜就能看大片了）。此外，作为传统眼镜的“升级”产品，智能眼镜还能够将真实世界与虚拟世界的信息迅速叠加到一起进行互动。通俗来讲，用户使用谷歌眼镜，可以随时进行拍照、摄像、导航、打电话、浏览网页、发送电邮、看视频……

图 2.2　Google Glass 概念模拟示意图

海外科技媒体 Gizmodo 曝光了一张苹果“浸入式”智能眼镜 iGlass 的概念图。iGlass 通过使用两个液晶显示屏把图像直接投射到佩戴者的眼中，扩大了用户的视野，提升了影像的像素数量和清晰度。大面积的立体图像让用户有种“浸入式”的感觉，就像科幻电影中机器人眼中的世界一样，但不会产生眩晕。

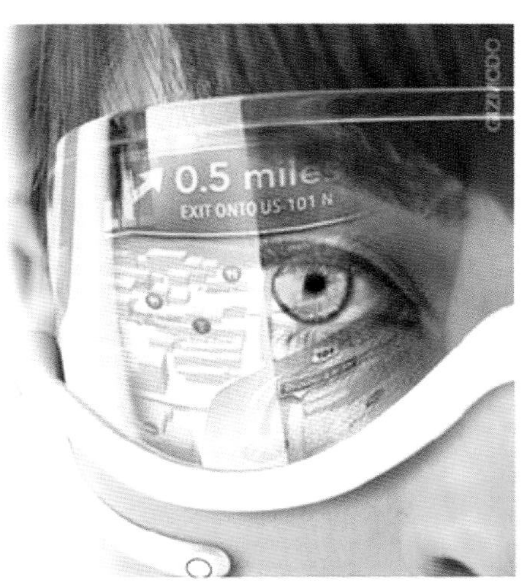

图 2.3　iGlass 概念图（图片来自 Gizmodo）

iGlass 的工作原理和 Google Glass 十分类似，但是它不会将用户周边的视力场景显示出来，而是将接收到和处理完成的数据通过“头戴显示设备”在用户眼前以投影方式生成图像。iGlass 采用了“头戴外围显示方案”专利。该技术允许通过可视显示技术将图像投射到用户的眼睛周围。资料显示，苹果公司早在 2006 年就申请了这些专利。苹果公司希望将图像呈现在一个头戴的显示工具中，该设备能够同时处理并显示数据，就像一台微型电脑一样。

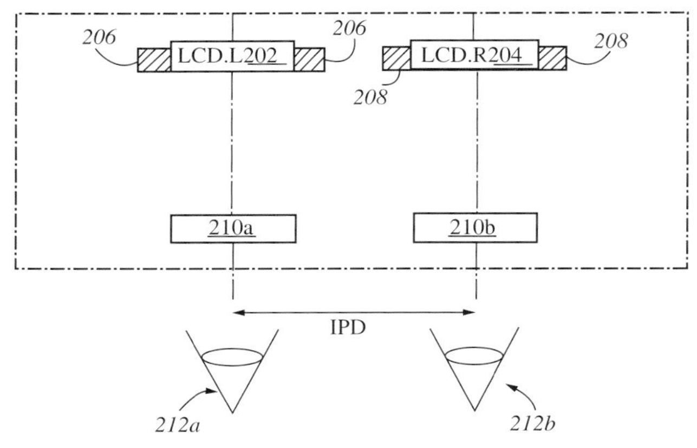

图 2.4　iGlass 专利示意图

2.3.2.2　其他

未来的世界肯定是一个通信网、因特网和数字电视网三网合一的世界。20 年以后，无线网络将可以做到无处不在，因特网全面实现无线化，在城市的任何角落你都可以随时上网，视频通话。不久就会出现的新手机，是可以穿在身上的“手机”。

（1）显示器。

采用像纸一样薄、可以卷起来的显示器或触摸屏，就可以不用键盘了。现在的超薄显示器还不够薄，以后就是这种纸一样薄的显示器。这种显示器目前已经在索尼公司的实验室诞生，只有 0.3mm 厚，而且可任意弯曲。

（2）手机按键。

显示器是触摸屏，当然不用手机按键了。iPhone 的触摸屏技术大家应该有所了解，20 年之后这种触摸技术还算是最普通的，20 年之后的电脑和手机都不会再有键盘和鼠标等，你只需要一只手就可以将一切掌控于股掌之间。

20 年之后声控技术或许也已经很发达，可以精确理解每个人的声音，准确率极高，声控你的设备也未尝不可。

（3）能源。

现在的电池显然不是“可穿戴移动通信终端”所使用的，使用太阳能、风能等可再生能源必将替代现在的石油等化石能源，衣服全都是一个大的太阳能电池，只要每天晒晒太阳，就不要担心自己的“手机”没电。不要担心背着一块太阳能面板到处走会不会很沉。现在的“薄膜太阳能”技术是很有市场的产品，而且在国内外都有公司专注于“薄膜太阳能”的研发。

还有科学家提出利用微波将架设在太空中的太阳能发电站的电能传送到地球，因为太空中太阳能比地面上的太阳能要强烈几十倍，产生的电能更是地球上同等规模的太阳能发电站无法比拟的。说不定 20 年后，无线充电技术也将成为现实呢。

（4）语音信号。

20 年之后不会看到还有人把手机放在耳朵边上接听电话，这样对大脑也不好。美国的 Network Anatomy 公司正在做一项研究，研究的方向是语音信号到来时，可以把语音信号的震动沿着脖子传入被叫人的耳朵，另外被叫人的声音会被一个比现在更先进的声音捕捉器捕捉到，编码后传入手机。这对于普通人来说已经可以足够接听。

但是这种方式还是不能适用于十分嘈杂的场合，比如吵闹的聚会场合，当然也有些场合不适合出声，比如图书馆、电影院，或者士兵、警察在执行特殊任务时。美国科学家正在尝试通过传感器来读取嘴部肌肉运动时产生的电磁信号，然后通过合成器将电磁信号转换为语音或者文本，并通过网络发送出去。这种方式目前来看实现起来还有困难，但是只有特殊场合才需要使用这种方式，通常第一种方式就可满足接听电话的要求。

（5）强劲的处理器。

很明显，这件“手机”是需要强劲的处理器的，其实现在 CPU 的制作工艺已经进入 45nm 时代，可以与四核并驾齐驱了，20 年之后呢？而且我们要设计的是一个“个人移动通信终端”，不是用来玩游戏，对处理器的要求也不是高得离谱。

散热这个问题，恐怕一提到处理器就无法避免？衣服会有什么更高的散热本领吗？其实热量也是很好的能源，白白散掉多可惜。通过特定的散热管引导，可以提供全身的热能供应，尤其是在冬天，衣服的温控装置就可以节省能源。夏天的时候，就让这些热量散掉，不会影响到人体，也不会让你感觉到热。

（6）可拆卸的处理器。

这件衣服所使用的处理器比现在的手机使用的处理器要强很多，要能够处理大量的模拟到数字、数字到模拟转换，所以最核心的处理器是镶嵌在衣服上面。

（7）附属产品。

头盔、眼镜等产品将作为衣服的附属产品，如果喜欢开摩托车，还需要戴头盔，那么头盔里面的声控或者声音装置会通过无线技术连通到衣服上的声波接收设备。眼镜呢？不知道 20 年后会不会根治近视，或许不再有近视，但是带上眼镜就可以看到更清晰更逼真的画面，休闲时带上眼镜看看电影将是非常惬意的事情。

2.3.3 位置移动运用技术

基于位置的服务（Location Based Service，LBS）通过电信移动运营商的无线电通信网络（如 3G 网）或外部定位方式（如 GPS）获取移动终端用户的位置信息，在地理信息系统（Geographic Information System，GIS）平台的支持下，为用户提供相应服务的一种增值业务。它包括两层含义：首先是确定移动设备或用户所在的地理位置；其次是提供与位置相关的各类信息服务，比如找到手机用户的当前地理位置，然后寻找手机用户当前位置处 1km 范围内的宾馆、影院、图书馆、加油站等的名称和地址。基于 LBS 的移动应用目前非常流行。

2.3.4 无线充电技术

随着移动智能终端的日趋普及，它越来越强大的功能与蓄电池技术发展的迟滞形成了鲜明对照，人们几乎每天都要与各种充电器、充电线和电源连接线打交道。现在，就像Wi-Fi的出现让人们在一定程度上抛弃了网线一样，无线充电技术使人们无需借助电线和插座就能为电子产品充电，这将带给人们更多的便利，并大幅提高工作效率。

2.3.4.1 无线充电技术的三大标准

按照无线充电联盟的观点，目前主要有Qi、A4WP和PMA三大标准。严格地说应该称为规格，因为它不是由政府制定的。此外，苹果公司还单独设立了标准。

（1）Qi标准。它是无线充电联盟2010年推出的5W以下小功率无线充电标准。目前，Qi标准在业内的影响力最大、应用最广，诺基亚、宏达、LG、谷歌Nexus4都采用这一规格，当下采用Qi标准的产品是138种，只要是带有“Qi”标识的产品都可以用Qi无线充电器充电。Qi也是唯一一个向所有厂商都开放的标准，“任何人都可从无线充电联盟的网站免费下载，无需支付任何专利费”。

（2）A4WP标准。它采用电磁谐振无线充电技术，传输效率可能降低，但可以实现稍远距离的无线充电。2012年10月，美国高通、韩国三星和Powermat公司推出A4WP标准。

（3）PMA标准。它采用电磁感性技术，为符合美国电气和电子工程师协会标准的手机和电子设备提供无线供电标准。2012年3月，美国宝洁公司与美国金霸王电池旗下的Powermat公司发起了电力联盟并推出PMA标准。

2.3.4.2 充电原理

无线充电技术是完全不借助电线为设备充电的技术。它利用磁共振在充电器与设备之间的空气中传输电荷，线圈和电容器则在充电器与设备之间形成共振，实现电能高效传输的技术。充电原理如图2.5所示。

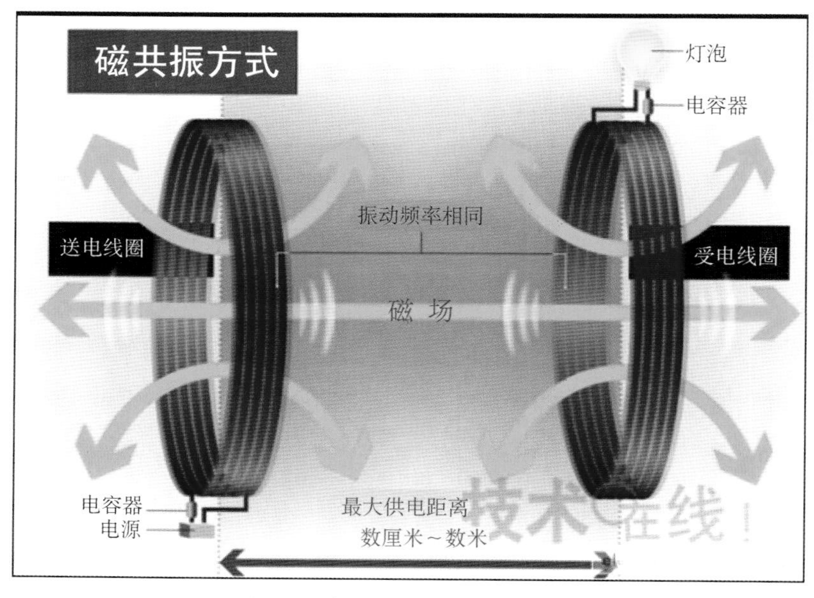

图2.5 磁共振方式无线充电技术

无线充电技术是靠两种新增的设备来实现的，第一个是充电器，它要与电力相连接，然后会有一个“托盘”与充电器进行中转，只要手机与“托盘”距离在规定范围内，那么手机就会自动进行无线充电。虽然电力没有直接接触到手机产品，但是靠无线方式为手机充的电在使用效果上仍然和普通充电方式一样，续航能力并不会有所下降。需要说明的是，目前无线充电的距离要求比较严格，手机与“托盘”在现在只能实现近距离充电。随着技术的进步，这一距离可能会被逐渐延长。

2.3.4.3 无线充电技术和传统充电器的区别

虽然无线充电仍然需要一个充电器进行电力的无线传输，但是传统的充电器只能为一部手机进行充电，甚至每个手机的充电器都不一样，而无线充电技术可以实现为所有支持 Qi 的手机进行充电，同时可以支持多个产品的一起充电。充电操作简单，只需要将手机放在桌子上就能实现。另外，无线充电技术成熟之后，各大公共场所都会装有这种设备，因此无论是在家、办公室还是街道上甚至是列车上，用户都可以进行无线充电，十分便捷。

2.3.4.4 无线充电技术应用

从事智能手机外设业务的日本 Oar 公司于 2011 年 8 月推出了名为“无线充电板”的充电座。内置有磁铁，用于将终端吸引到指定位置。

松下于 2011 年 6 月投放了无线充电座“无接点充电板”。尺寸约为鼠标垫大小，表示实现了“位置自由（Free Positioning）”，将终端放在充电板上的任何位置均可充电。

日立麦克赛尔于 2011 年 4 月面向美国苹果的人气智能手机“iPhone”上市了无线充电器“AIR VOLTAGE”。由于 iPhone 不支持无线充电，所以需要套上内置有线圈的专用外壳才能使用。

三星 Galaxy S3、i9300、S4 以及诺基亚的 Lumia 920 等智能手机都支持无线充电技术。

2.3.4.5 无线充电方法

无线充电使用上非常简单、方便。以 iPhone 为例，如图 2.6 所示，将 iPhone4/4S 插入无线充电保护套中，然后将整机搁在无线充电板上。大约过了 3s，iPhone4/4S 屏幕会显示“补充电量”图标。无线充电的过程是非常便捷的，一方面告别了充电线插入 iPhone 底部的繁琐，另一方面杜绝了充电线缠绕的难题，两全其美。

图 2.6 为 iPhone 无线充电

充电时，iPhone 正确的摆放位置如图 2.7 所示。

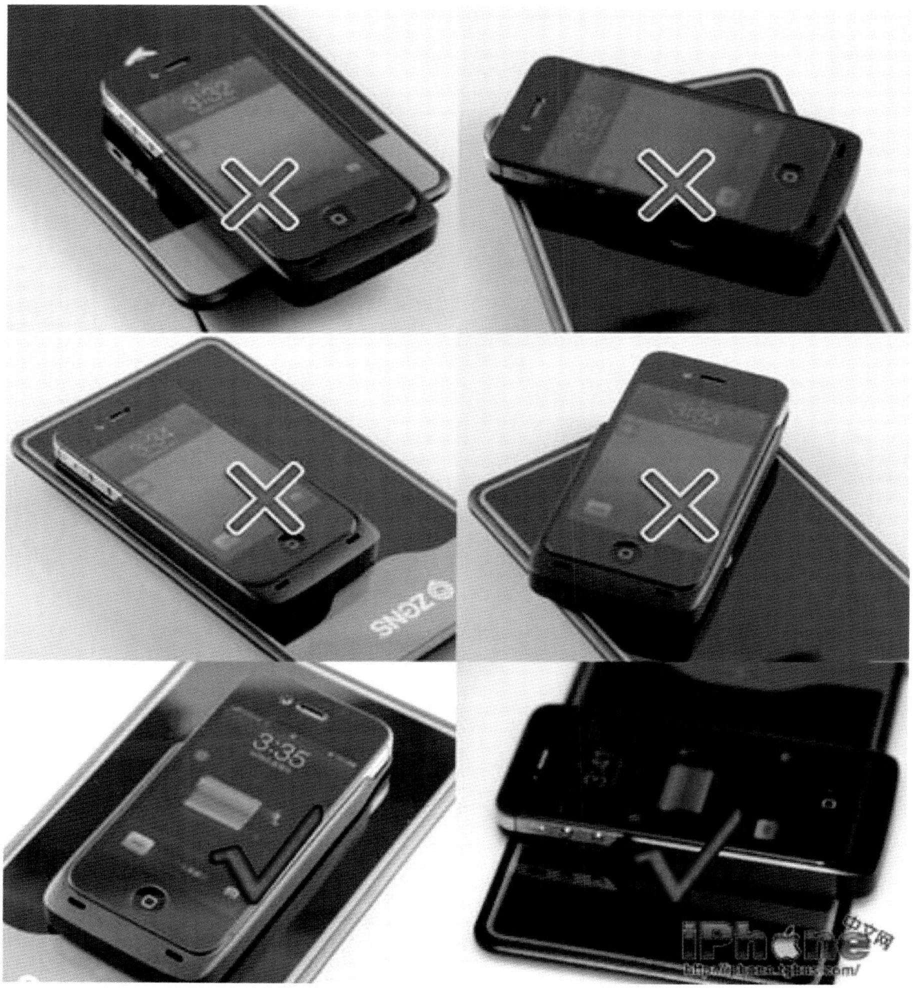

图 2.7　无线充电手机位置摆放

虽然 SENS 无线充电板面积很大，但是只有将 iPhone4/4S 放在中间区域才能充电。当 iPhone4/4S 放在错误位置时，电量是无法得到补充的，而放在特定位置（中间）时，无线充电板上方的蓝色指示灯才会亮起。

2.3.4.6　无线充电技术展望

（1）提高能量传输率，降低电磁辐射，增加有效距离。Qi 标准采用感应电磁勘探法，发射线圈与接收线圈必须对齐才能开始充电，能量传输率只有 70% 多一点（与距离的四次方成反比地衰减），距离是 4cm。一旦两个线圈出现偏离，传输率会迅速下降。此外，这种充电方式引起的辐射也值得高度关注。现有的无线充电标准的设备会产生电磁辐射，也都存在能量传输率过低的问题，因此，提高传输效率和降低电磁辐射是未来技术标准的发展方向。用户希望不同品牌的充电器和手机之间存在兼容性，而这最终将靠市场来完成。市场会自动地整合出一种全球通行的无线充电解决方案。如果采用 Qi 规格的手机越来越多，消费者自然就会购买 Qi 规格的充电器。需要众多知名的电子产品生产商共同制定统一的充电标准。专家预计在 2014 年将有最终统一的无线电充电标准。

（2）无线充电市场的未来将不断扩大。随着智能手机、数码相机、游戏机等电子产品热销，今后为其充电的无线充电器将走向市场，一起前行，消费者潜在需求巨大。相信在不久的将来，随着科技的进步，无线充电技术必将大大普及，并给我们的生活带来更快捷方便的体验。有业界人士预测，到 2017 年，全世界无线充电市场的规模将达到 93 亿美元，2020 年达到 150 亿美元。

2.3.5 体感技术

体感技术可以解释为人们使用肢体动作来控制周边的设备，从而取代我们所熟悉的遥控器的技术。通过它可让人们身临其境地与环境互动。近年来体感技术发展十分迅速，依照体感方式和原理的不同，可以分为惯性感测、光学感测以及惯性与光学联合感测三类。

（1）惯性感测：主要是以重力传感器、陀螺仪以及磁传感器等惯性传感器来感测使用者肢体动作的物理参数，包括加速度、角速度以及磁场，再根据这些物理参数来求得使用者在空间中的各种动作状态。

（2）光学感测：代表厂商为 Sony 和 Microsoft。Sony 在 2005 年前推出了光学感应套件——EyeToy，主要是通过光学传感器获取人体影像，再将此人体影像的肢体动作与游戏中的内容互动，主要是以 2D 平面为主，而内容也多属于较为简易类型的互动游戏。直到 2010 年，Microsoft 发表了跨时代的全新体感感应套件——Kinect，号称无需使用任何体感手柄便可达到体感的效果。而比 EyeToy 更为进步的是，Kinect 同时使用激光及摄像头来获取人体影像信息，可捕捉人体 3D 全身影像，具有比 EyeToy 更为进步的深度信息，而且不受任何灯光环境限制。

（3）惯性与光学联合感测：主要代表厂商为 Nintendo 和 Sony。Nintendo 在 2009 年推出了 Wii Motion Plus，主要为在原有的 Wii 手柄上再插入一个三轴陀螺仪，如此一来便可更精确地侦测人体手腕旋转等动作，强化了在体感方面的体验。Sony 在 2010 年推出游戏手柄 Move，主要配置包含一个手柄及一个摄像头，手柄包含重力传感器、陀螺仪以及磁传感器。摄像头用于捕捉人体影像。结合这两种传感器，便可侦测人体手部在空间中的移动及转动。

Kinect 是 Microsoft Xbox 体感周边外设产品的发布名称，据说是有史以来销售最快的销售类电子产品。它主要由 RGB 摄像头、景深传感器、麦克风组、可移动底座四部分构成。（1）RGB 摄像头用来获取分辨率为 640×480 的彩色图像，每秒钟最多可获取 30 帧图像；（2）红外线感应的景深（3D Depth）传感器，用来检测玩家的相对位置；（3）麦克风组用来采集声音；（4）可移动底座用来调整 Kinect 的俯仰角。它基于一种光编码技术（Light Coding），顾名思义就是用光源照明给需要测量的空间编码。与传统的结构光方法不同的是，这种光源打出去的并不是一副周期性变化的二维图像编码，而是一个具有三维纵深的“体编码”。这种光源叫做激光散斑（Laser Speckle），是当激光照射到粗糙物体或穿透毛玻璃后形成的随机衍射斑点。由于这种体感技术使用的是连续的照明、普通的 CMOS 感光芯片，成本大大降低。

Kinect 的最佳识别区域是前后 1.2 ~ 3.5m，左右可扩展区域 0.7 ~ 6m 的一个梯形区域。Kinect 最多可以支持 4 个人的识别，但是真正有效的可视识别最多支持两个人。值得注意的是，两个人的位置不能交叉，必须是一个人站在左边、另一个人站在右边，而不能一前一后或者其他方式。这是目前技术上的限制。此外，可视区域水平范围是 57°，垂直范围是 43°。

2.4 发展趋势

移动互联网是移动通信和互联网结合的产物，是为了满足人们随时、随地、随心地获取并处理信息的需求而出现的新兴产业。作为移动互联网产业链中一个环节的移动终端，已经进入了大规模普及的阶段。移动终端产业在自身发生巨变的同时，也引发了整个互联网产业链发生颠覆性的变革。本节从市场、产业、产品和功能、商业模式和技术等方面来讨论终端设备的发展趋势。

2.4.1 市场

全球移动终端市场迅速扩张，移动终端的销量出现爆破性增长，但相对于全球 50 亿用户量，智能移动终端的普及率仍将继续提高。以智能移动终端的操作系统为核心形成了苹果公司（Apple）iOS、谷歌公司（Google）Android 以及微软（MS）Windows Phone 为代表的三大移动终端阵营。苹果公司建立的封闭的生态系统，在智能移动终端领域具有重要的地位，平板电脑更是占据主导地位。Android 操作系统凭借免费开源的发展策略，吸引了大批的移动终端厂商加入，其中既有三星、摩托罗拉、HTC、LG 等国际品牌厂商，也有联想、中兴、华为等一线国内厂商。相比之下，Windows Phone 移动终端阵营的实力较弱，但是微软一方面在联手诺基亚，另一方面在加大 Windows Phone 操作系统的研发和改进，因此其在智能移动终端领域的发展不容忽视。终端品牌厂商依托于终端操作系统的发展进行了洗牌，后起之秀仍在加速前进。比如 Apple、三星的智能手机销量已经超过诺基亚，2011 年中兴的移动终端跃居全球第五大手机厂商。

我国的智能移动终端厂家占据本土制造的优势，在新一轮的终端竞争中迎来了新的发展机遇。虽然有些国内厂家也研制了自有的操作系统，并在智能终端领域不断地探索尝试，但是核心技术仍然受制于人，大多数厂家仍然需要使用海外阵营的终端操作系统，芯片领域技术及产业基础薄弱，仍然依靠大量进口。但是也应该看到，国内的企业正在迅速发展，市场份额得到了较大提升。国内企业可以继续走平价亲民路线，特别是中小企业应积极把握住机会，深掘尚存巨大潜力的国内智能手机市场。

2.4.2 产业

作为移动互联网产业链中一个重要环节，移动终端带动了产业链中各个关键要素的发展创新，从网络环境到终端本身的软硬件，继而到终端上面的应用服务，最后甚至影响了商业模式。占领智能移动终端业的有利地位，将在整个产业链所有环节的竞争上面取得绝对优势。

智能移动终端是伴随着移动互联网的发展而强大的，近几年销量迅猛增长，市场份额逐年递增，而且递增速度越来越快。以 Apple 为例，智能移动终端操作系统成为终端产业核心技术，芯片处理器技术随之高速发展，带动了与之相关的显示器、触摸屏、存储设备、传感器等相关产业迅速发展，带动相关产业迅速发展。

不管是 Apple 主导的“终端硬件 + 系统软件 + 应用程序商店”封闭式一体化整合，还是谷歌主导的“以开源移动终端操作系统为核心”的开放、互联网式一体化整合，还是微软主导的“以闭源操作系统为核心，以原有产业生态和知识产权为武器”的多要素一体化整合，均证明了牢牢把控智能终端操作系统这一核心环节，以此为中心向产业上下游渗透，打造涵盖应用服务、软件、硬件在内的纵向一体化模式已经成为移动互联网产业发展的主导趋势。

智能移动终端对移动互联网产业链各要素的影响，加速了产业融合。智能移动终端软件平台已经和网络应用服务深度耦合，这种耦合为产业发展带来变革。首先是服务与终端制造一体化发展，应用商店、网络应用服务已经成为智能终端不可缺少的部分；其次是服务业发展模式从封闭走向开放；再是产业融合引起产业重构，终端厂商和互联网公司进入到移动通信领域，使得电信运营商原有的商业模式受到巨大冲击。

2.4.3 产品和功能

微电子技术的发展，使得芯片的集成度不断提高，在手机体积不断减少的同时，中央处理器（CPU）运算速度不断提升，现在多数手机达到了 1GHz 的主频，有的已经是 2GHz 的主频，采用多核技术，处理速度和笔记本电脑、台式机不相上下；手机硬件的变化，促使手机操作系统软件和移动应用软件随之迅速演变；同时宽带无线通信技术的发展，使互联网移动起来，智能终端有了普及的基础。因而手机完全具备了电脑化的条件，现在手机除了用来打电话、发短信，还能有很多其他的用途。

不同于 PC 或笔记本电脑的发展，对于智能移动终端来说，外在创新必然大于系统本体。也就是说智能移动终端的设计需要打破传统思路，应该更加注重用户体验，而不是首先考虑速度、功能、配置。比如材质的改变会不会让移动终端更轻，手感更好；如何让移动终端的外形更符合人体工学设计；在终端上看书时，无需手动翻页，使用户获得更好的阅读体验。移动互联网和云计算的支持，使得没有必要把音乐、电影、流媒体这些海量内存放在手机里，而是可以存放在互联网或是家里面的电脑，同时又可以随时播放。当用户回到家或者在办公室时，可以为智能移动终端配上键盘，加上平板电视，就成为 PC 电脑。

不同行业具有独特的应用场景，对终端特性的要求不尽相同，因此行业应用将是智能移动终端的用武之地。智能移动终端可以满足用户的便携操作需求，同时能让用户获得更直观、更全面的相关信息。不过，在行业应用领域，机会也是分层的。金融、政教、医疗、能源等大型产业的行业应用机会集中在国际品牌，因为国际品牌已经积累了从服务器到终端设备、从数据到应用的丰富积淀。国内品牌想要在短期内迎头赶上难度很大。但是，餐饮、娱乐等服务行业的机会更适合国内平板电脑产品。

2.4.4 商业模式

传统的移动终端厂商依靠向用户出售终端获利。随着移动终端的发展，出现了大量的基于移动终端的应用。移动终端的商业模式已经从单一的销售模式走向通过提供服务平台获利的模式。终端厂商通过构建平台，一方面吸引应用开发者，另一方面聚集用户，从而收取开发者的平台接入费和应用软件使用费。

在传统的终端商业模式中，终端厂商完成终端硬件和软件的整合开发。随着智能移动终端产业的快速发展，终端的硬件和软件开发呈现分离趋势，如谷歌的 Android 操作系统，只做系统软件开发，然后向终端设备厂商提供系统支持。这种方式使操作系统提供商也加入了终端利益分配链条，并且成为终端服务提供的一个关键环节。

2.4.5 技术

体感技术和人工智能技术是移动终端技术发展的热点，其本质就是实现自然的人机交互。这两项核心技术会进一步带动移动终端市场繁荣，推动移动终端产品全方位升级以及对产品的重新定位。移动终端将成为体感游戏硬件中的重要组成部分，是人机交互的载体，使终端的功能得到延展。人工智能技术在移动终端的应用，可以解放用户的双手，为移动终端带来全新的改变。如 iPhone 的 Siri 技术就是通过用户的语音命令做出反应的一种新型交互式操作。这些技术的成果最终将对移动终端设备的发展产生深远的影响。

一方面，移动终端厂商追求更快的处理器、更大的屏幕、更优质的显示画面以及加载更丰富的应用，因而对电池的续航能力提出了更高的要求。另一方面，电池的技术更新速度已经明显落后于智能移动终端的发展。移动终端产业链各方已经意识到电池问题的严重性，加大研发力度，探索电池技术提升，延长待机时间。虽然新型电池的研制还需时日，但是已经为如何解决电池供电瓶颈问题指明了方向。

通常来讲，系统的功能和安全程度成反比关系。功能越简单，信息越安全；功能越丰富，信息安全的风险越大。那么智能移动终端除了提供完备的功能外，还要保证信息安全，这样才能真正普及。移动安全问题在信息保护和内容管理上都面临着新挑战。用户在移动终端上日益频繁地使用电子商务、移动办公、即时通信等，大量涉及隐私、财产的重要数据成为非法信息窃取者猎取的目标。移动互联网络相对缺乏监管，网上有些内容与健康向上的网络文化发展方向相背离。移动互联网提供了产业整合的机遇，需要政府、行业、运营商和互联网企业在智能终端操作系统等关键技术上协作、创新。一般来讲，以往的手机技术标准主要是考虑功能和质量问题，所涉及的信息安全要求较少，不系统也不完整。通过技术标准的研究和制定，可以促进移动终端信息安全技术的发展。

3 移动网络

移动智能终端连接移动网络后，相比 PC 而言摆脱了物理网线的限制，可以随时随地获得海量信息和运算能力，跨时空进行业务审批、收听音乐、电话会议、资讯浏览、口袋购物、联机游戏、下载应用等，从而大幅提升了使用价值和移动生活的便利。下面主要介绍与移动终端紧密相关的移动网络的特点及应用。

3.1 概述

3.1.1 定义

移动互联网将移动通信和互联网二者结合起来，指互联网的技术、平台、商业模式和应用与移动通信技术结合并实践的活动的总称。上述这两个发展迅速、创新活跃的领域融合在一起，并凭借数十亿的用户规模，正在开辟信息通信发展的新时代。

3.1.2 业务方向

从行业的发展现状来看，移动互联网的业务体系主要包括互联网业务体系、移动通信业务体系和移动互联网业务体系三大类，如图 3.1 所示。

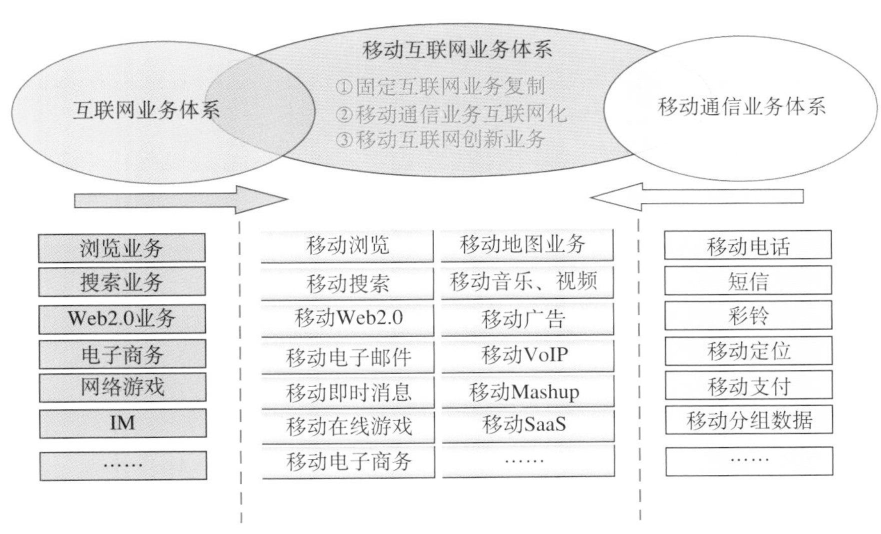

图 3.1 移动互联网的业务体系

一是原有固定互联网的业务向移动智能终端的直接复制，从而实现移动互联网与固定互联网相似的业务体验，这是移动互联网业务的基础。

二是现有移动通信业务的互联网化，如基于 Skype 的移动 VOIP 业务、中国移动的飞信业务等。

三是结合移动通信与互联网功能而进行的有别于固定互联网的业务创新，是移动互联网的主要发展方向，如图 3.2 所示。移动互联网的业务创新关键是如何将移动通信的网络能力与互联网的网络与应用能力进行聚合，从而创新出适合移动智能终端的互联网业务，如移动 Web2.0 业务、移动微博、移动位置类业务等。

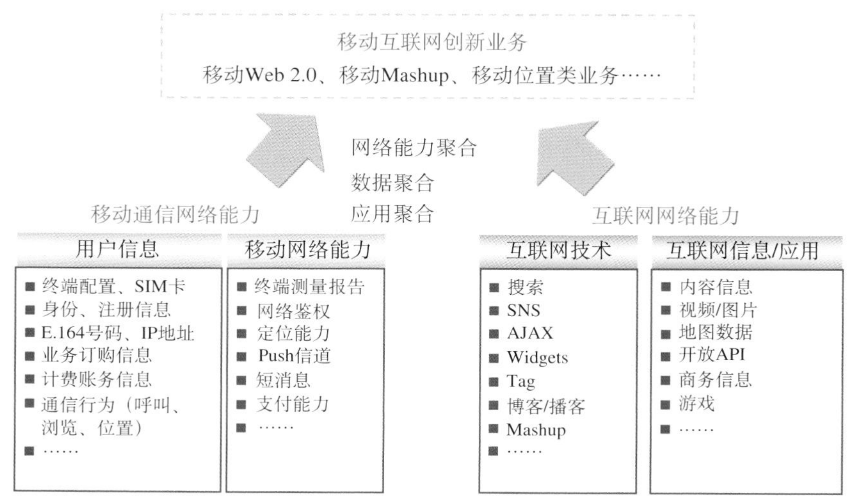

图 3.2　移动互联网的业务创新方向

3.2　特点

在移动智能终端方面，手机及平板电脑是当前的主要终端载体。根据载体的不同特点，移动互联网主要有以下特征，如图 3.3 所示。

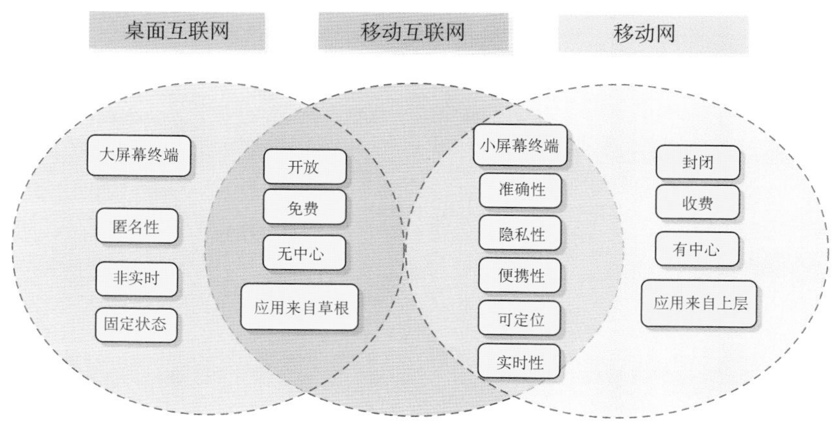

图 3.3　移动互联网的特征

（1）实时性。手机及平板电脑是随身携带的物品，借助移动网络，具备了随时随地信息随身化的特性。

（2）隐私性。每个终端往往归属到个人，包括手机终端应用、界面风格设置，基本上都是因人而异的。此外，相对于 PC 用户而言，终端存储更多如手机号码等的隐私信息，具有个性化、私密性的特点。

（3）可定位性。不管是通过基站定位、GPS 定位，还是混合定位，手机终端可以获取使用者的位置，可以根据不同的位置提供个性化服务。

（4）准确性。手机上的通讯录用户关系是最真实的社会关系，随着手机应用从娱乐化转向实用化，基于通讯录的各种应用也将成为移动互联网新的增长点。在确保各种隐私保护之后的联网，将会产生更多的创新型应用。

移动互联网的这些特性是其区别于传统互联网的关键所在，也是移动互联网产生新产品、新应用、新商业模式的源泉。每个特征都可以延伸出新的应用，也可能有新的机会。

在移动互联网用户需求及行为习惯方面，百度公司发布的 2012 年第 4 季度《移动互联网发展趋势报告》提出了以下趋势：

（1）2012 年第 4 季度，移动搜索用户的需求覆盖更偏重于阅读、商品购物、工具服务及 LBS 定位服务；

（2）Native App 相关的需求分布主要集中在工具服务和游戏两大类；

（3）移动搜索与生活紧密相关，阅读类需求位居各高峰时段首位；

（4）游戏和影视动画遍布 Native App 下载量各高峰时段。

3.3 移动通信技术

按照移动通信技术发展阶段、技术规格和功能的不同，移动互联网在现阶段主要包括 2G、3G、4G 等种类。

3.3.1 2G

2G 是第二代手机通信技术规格的简称。2G 移动通信系统以数字方式传输语音，除具有通话功能外，某些系统引入了短信功能。在某些 2G 系统中也支持资料传输与传真，但因为速度缓慢，只适合传输量低的电子邮件、软件等信息。

2G 技术基本上可依照采用的多路复用技术形式分成两类：一种是基于 TDMA 所发展出来的系统，以 GSM 为代表；另一种则是基于 CDMA 规格所发展出来的系统，如 cdmaOne。

3.3.2 3G

3.3.2.1 网络简介

3G 网络指使用支持高速数据传输的第三代移动通信技术的线路和设备铺设而成的通信网络。3G 网络结合了国际互联网与无线通信技术，主要特征是提供移动宽带多媒体业务；向用户提供全网络覆盖的移动性，适于支持移动环境中的数据服务。与 2G 相比，大幅提升了上网速度，在室内、室外和行车环境中能够分别支持不低于 2Mbps、384kbps 以及 144kbps 的传输速度（实际速度会因具体网络环境不同而异）。目前 3G 存在 CDMA2000、WCDMA、TD-SCDMA 和 WiMAX 四种标准。

目前，中国移动“G3”、中国联通“沃”、中国电信“天翼”等都是在 3G 网络支持下的无线上网业务。据百度公司发布的 2012 年第 4 季度《移动互联网发展趋势报告》，使用 Android、iOS 移动设备的用户更倾向于高速网络接入，大部分用户选择 3G 或 Wi-Fi 接入移动互联网。

不同电信运营商有不同的 3G 接入点。如中国联通有 3GNET、3GWAP，中国移动有 CMNET、CMWAP。一般说来，xxNET（3GNET 或 CMNET）可以获得完全的 Internet 访问权，QQ 游戏就需要选用这个接入点；xxWAP 只能访问 WAP 网站，收发彩信就需要选用这个接入点；使用 HTTP 代理协议和 WAP 网关协议后，也可以访问 Internet。xxNET 主要为 PC、笔记本电脑、平板电脑等利用 GPRS 上网而服务，xxWAP 则主要为手机 WAP 上网而设立。

3.3.2.2 电信运营商和 3G 牌照

2008 年 5 月 24 日，工业和信息化部、国家发展和改革委员会、财政部三部委联合发布《关于深化电信体制改革的通告》，鼓励中国电信收购中国联通 CDMA 网（包括资产和用户），中国联通与中国网通合并，中国卫通的基础电信业务并入中国电信，中国铁通并入中国移动。国内电信运营商由 6 家变为 3 家。

2009 年 1 月初，工业和信息化部为中国移动、中国电信和中国联通发放 3 张第三代移动通信（3G）牌照。拥有 3G 网络牌照后，运营商可以运营音乐、图像、视频形式，提供网页浏览、电话会议、电子商务信息服务，以及建立在互联网络基础上的家庭 VOIP 业务及视频会议系统等。

3.3.3 4G

4G 是第四代移动通信及其技术的简称，是集 3G 与 WLAN 于一体，能够传输高质量视频图像，且传输质量与高清晰度电视不相上下的技术产品。4G 的下载速度能够达到 100Mbps，上传速度可达到 20Mbps。2012 年 1 月 20 日，国际电信联盟正式审议通过的 4G 标准有 LTE-Advanced，即 LTE（Long Term Evolution，长期演进）的后续研究标准和 Wireless MAN-Advanced（802.16m），即 WiMAX 的后续研究标准。需要说明的是，作为 LTE-Advanced 标准分支之一的 TD-LTE，是由我国主要提出的。

3.3.4 WLAN 及 Wi-Fi

无线局域网（Wireless Local Area Network，简称 WLAN），指应用无线通信技术将计算机设备互联起来，构成可以互相通信和实现资源共享的网络体系。它利用射频技术，取代了由传统网线所构成的局域网络，让用户享受“信息随身化”的便利。

无线保真（Wireless Fidelity，Wi-Fi，通常称之为“热点”）是一种将个人电脑、手持设备（如平板电脑、手机）等终端以无线方式互相连接的技术，目的是改善基于 IEEE 802.11 标准的无线网络产品之间的互通性。它使用 2.4GHz 附近的频段，信号接收半径约 95m（会受墙壁等影响）；传输速度可达 54Mbps；可用标准包括 IEEE802.11a 和

IEEE802.11b 等。用户只要有带 802.11b 接口上网卡的笔记本电脑就可接入，目前主流的移动智能终端都内置了 WLAN 上网卡。

WLAN 与 Wi-Fi 在技术方面存在包含关系，Wi-Fi 是 WLAN 标准的一个子集，属于采用 WLAN 协议中的一项新技术。Wi-Fi 是一个无线通信技术的品牌，因此，最好选购有 Wi-Fi 标记的产品，以保证它和其他无线产品之间的互联互通。WLAN 已得到广泛使用，中国移动和中国联通等电信运营商提供的 WLAN 一般收费，机场、北京长城饭店、北京饭店、上海 APEC 会议中心、星巴克等场所提供免费的接入点。

WLAN 与 3G 在技术本质上是互补的，尽管可能在边缘上存在竞争。WLAN 提供了高速带宽，但覆盖范围有限；相反，3G 网络支持跨广域网络的移动性，但是数据吞吐速度明显低于 WLAN。在网络传输的信号类别方面，WLAN 主要用于支持数据信号，而 3G 网络被设计用于同时支持语音和数据信号，二者在许多重要的方面不同：语音信号可以容错，但是不能容忍时延；数据信号能够允许时延，但是不能容忍错误，所以，为数据而优化的网络不适合于传送语音信号，为语音而优化的网络也不适于传送数据信号。

3.3.5 蓝牙

蓝牙（Bluetooth）是一种支持设备短距离通信（一般 10m 内）的无线电技术，能在移动电话、平板电脑、无线耳机、笔记本电脑等众多设备之间进行无线信息交换。目前主流移动智能终端设备基本都已经内置蓝牙设备，很多情况下被用作线缆的替代物。它工作在全球通用的 2.4GHz ISM（即工业、科学、医学）频段，传输速率为 1Mbps。蓝牙 1.1、1.2、2.0、2.1、3.0、4.0 版本相继出现。蓝牙功能主要用在音箱、耳机、笔记本电脑、手机、平板电脑等电子设备上。

3.3.6 近距离无线通信技术

近场通信，又称近距离无线通信（Near Field Communication，NFC），是一种新开发的传输技术，非接触式识别和互联技术，允许电子设备之间进行非接触式的 P2P 数据传输（在 10cm 内），技术上向下兼容 RFID，可以在移动设备、消费类电子产品、PC 和智能控件工具之间进行近距离无线通信。NFC 提供了一种简单、触控式的解决方案，可以让消费者简单直观地交换信息、访问内容与服务。当文件进行传输之后，具备 NFC 功能的设备就可以分开了，不再受 10cm 的约束。

3.3.7 虚拟专用网络

虚拟专用网络（Virtual Private Network，VPN）指的是在公用网络上建立专用网络的技术。终端设备在连接公共网络后，通过 VPN 可以访问公司内部网络。之所以称为虚拟网，主要是因为整个 VPN 网络的任意两个节点之间的连接并没有传统专网所需的端到端物理链路，而是架构在公用网络服务商所提供的网络平台等之上的逻辑网络，可以实现对 VPN 数据的加密传输。

3.4 无线音频传输技术

3.4.1 FM和AM

无线电广播通常分为两种，即FM和AM。其中，FM的英文名为Frequency Modulation，翻译成中文就是调频，是一种调制方式。调频广播就是以调频方式进行音频信号传输的，调频波的载波随着音频调制信号的变化而在载波中心频率（未调制以前的中心频率）两边变化，每秒钟的频偏变化次数和音频信号的调制频率一致，如音频信号的频率为1kHz，则载波的频偏变化次数也为每秒1000次。日常生活中我们常用FM来代指调频广播。一般来说，调频广播频段在76～108MHz之间，而我国的调频广播频段为87.5～108MHz。

AM的英文名为Amplitude Modulation，中文译为调幅，它也是一种调制方式，属于基带调制。其工作原理是，保持载波的频率不变，通过其震荡的幅度来传递信息，这正好与调频的原理相反。

目前我们日常生活中见到的更多的是FM，而且城市内的广播多用FM，而国际短波广播、航空导航通信则常用AM。

3.4.2 红外线传输

红外线传输就是利用红外线为载体来进行数据传输的技术。说到红外线的划分，目前比较复杂，原因是使用者的角度不同，他们对于红外线频段的划分也是不同的。比如说，根据红外光谱划分的话，近红外波段应为1～3μm，而按照医学使用角度来划分，其所谓的近红外波段为0.76～3μm。其特点是：红外线的穿透力较弱，任何物体都可以发出红外线。

低速红外线（Slow IR）是指其传输速率在每秒115.2kbits，而高速红外线（Fast IR）是指传输速率在每秒1Mbits或4Mbits。其中，前者主要用于传送简短的信息、文字或是档案，离我们最近的例子，就是家中的各种电器遥控器，而后者可以支持多媒体传输，但其仍不完备，仍处于发展中的阶段。

红外线传输作为一种无线技术，其实很早就应用在音频方面，但传输的音频质量大都较差。红外线传输优点是：具备良好的私密性，成本低，高速红外线发展比较有前途；缺点是：不适合共享，易干扰，延迟，低速红外线用于传输音频是不够的。

3.4.3 2.4G技术

2.4G技术确切地说，应该叫做“2.4GHz非联网解决方案”。之所以这么命名，很简单，因为它和蓝牙、Wi-Fi一样，都是工作在2.4～2.485GHz ISM无线频段上。该频段在全世界几乎都是免费授权使用的。因此，在产品成本上面天生会有一些优势，有助于产品的大规模普及。不过，采用2.4G技术的产品接收端和发送端在生产时便内置配对ID码，形成一对一模式。所以，不同品牌、不同产品之间的接收端和发送端不能混用，这就大大限制了该技术在其他领域的使用和普及。在这一点上，2.4G 技术没有蓝牙那么灵活。

在 2.4 ~ 2.485GHz ISM 无线频段工作的可不止 2.4G 技术一家，蓝牙、Wi-Fi 也都工作在这一频段上。不同之处是首先是带宽，2.4G 技术的带宽为 2Mbps，能够传输 CD 级的无线音频信号。相比之下，蓝牙 2.0 之后的版本都可以达到并远远超过这一数字。至于 Wi-Fi，那就更不用说了，它的带宽更高。

此外，2.4G 技术的传输距离为 10m，这和蓝牙的传输距离差不多，但小于 Wi-Fi 的。不过，10m 这样的距离已经足够满足普通消费者在家中使用了，而且，2.4G 设备的发射端和接收端并不需要连续性工作。所以，相对来说，它更省电。

但在众多不同之中，2.4G 技术有一项非常占有优势——那就是抗干扰能力比蓝牙、Wi-Fi 更好一些。这主要还是在于其工作原理和采用的调频方式方面的原因。

2.4G 技术使用的是自动调频技术，理解起来很容易——就是说：2.4G 设备在工作时，如果发现该频段经常被占用，它就会自动跳到一个无人使用的频段。这种跳频的方法随意性很强。

3.4.4 RF 射频技术

射频的英文全称是 Radio Frequency，其表示的是可以辐射到空间的电磁频率，频率范围从 300kHz 到 30GHz 之间。而通常所说的 RF 射频，其实就是射频电流，它是一种高频交流变化电磁波的简称。

在实际应用中，每秒变化小于 1000 次的交流电称为低频电流，大于 10000 次的称为高频电流，而射频就是这样一种高频电流。我们熟悉的有线电视系统就是采用射频传输方式。其实，RF 射频技术并不新颖，而是一项非常古老的技术。RF 射频技术和通常所说的无线传输有很大的关系：将电信息源（模拟或数字的）用高频电流进行调制（调幅或调频），形成射频信号，经过天线发射到空中；远距离将射频信号接收后进行反调制，还原成电信息源。这一过程称为无线传输，其中应用的是 RF 射频技术。它的传输距离比较远，音频传输时其传输距离为 50m，远超过蓝牙、2.4G 等。

3.4.5 DAB 数字广播

DAB 数字广播也是目前正在应用的无线音频传输技术，DAB 是英文 Digital Audio Broadcasting 的简写，是继 AM、FM 传统模拟广播之后的第三代广播——数字信号广播。它的出现是广播技术的一场革命。数字广播具有抗噪声、抗干扰、抗电波传播衰落、适合高速移动接收等优点。它提供 CD 级的立体声音质量，信号几乎零失真，可达到“水晶般透明”的发烧级播出音质，特别适合播出“古典音乐”、“交响音乐”、“流行音乐”等，而且在一定范围内不受多重路径干扰影响，以保证固定、携带及移动接收的高质量。

相比模拟广播，DAB 这种数字广播最大的特点有两个：一就是带宽，DAB 可以传输任何文本甚至是图像信号。DAB 广播的信噪比起码在 95db 以上，编码率则达到了 192kbps，远超过一般的 MP3，接近 CD 的音质。其二就是，数字信号传输抗干扰和抗电波衰减的特性，DAB 广播十分适用于在激烈的移动环境中使用，例如车载等。

3.4.6 UWB

UWB，其英文全称为 Ultra Wideband，中文译为超带宽。它是一种无载波通信技术，利用纳秒至微微秒级的非正弦波窄脉冲传输数据，而且它可以通过在较宽的频谱上传送极低功率的信号——UWB 能在 10m 左右的范围内实现每秒数百兆字节（Mbps）至数吉字节（Gbps）的数据传输速率。UWB 具有抗干扰性能强、传输速率高、带宽极宽、消耗电能小、发送功率小等诸多优势。此外，UWB 可以使用 1GHz 以上，至多个吉赫兹（GHz）的频段。有人称它为无线电领域的一次革命性进展，认为它将成为未来短距离无线通信的主流技术。

另外，UWB 技术可以和其他一些无线技术搭配使用，用来提高传输的带宽。比如说，蓝牙 3.0 可通过 UWB 技术进行拓展——将原有 24Mbps 的带宽理论数值提升到 480Mbps，距离 10m 时传输速率能提升至 100Mbps。

3.4.7 WiHD 和 WHDI

WiHD 和 WHDI 这两项技术，和我们上面讲述的无线音频技术不同，它们已经不再是单单传输音频信号了，而是传输“音 / 视频”信号。

无线高清（WiHD），英文全称为 Wireless High Definition 或 Wireless HD，简写为 WiHD。WiHD 技术是一种很让用户期待的高速无线技术，这主要在于它运用了 60GHz 频段（毫米波）的频谱，能够取得更高的数据传输速率，其最初的传输速率便高达 4Gbps，从而能更可靠地提供传输高质量、高清晰度无压缩视频所必要的频宽。

WiHD 标准的主导厂商有英特尔、LG、松下、NEC、三星、SiBEAM、索尼、东芝等行业领导性厂商。该标准主要针对的用户群包含 HDTV 电视机、机顶盒、DVD 播放机、数码相机、游戏机、HTPC 等，让消费者可在多台电子设备之间传送、播放以及携带高清内容。

WiHD 1.0 技术规范已经发布，其确立了无线高清的基本标准，通过智能天线技术的运用可克服 60GHz 的限制，并加强了数字传输内容保护（DTCP），得到了众多国际性消费电子制造商的支持，支持真正的无压缩视频流传输，强制性地使用了通用控制技术，用户可以容易地构建和管理自己的无线视频局域网（WVAN），传输距离 10m 内。

无线高分辨率数字多媒体接口（WHDI）的英文全称为 Wireless High Definition Multimedia Interface 或 Wireless HDMI，简写为 WHDI。它也是一种针对于高清的无线技术，而其主要的做法，就是将超宽带技术与 HDMI 技术相融合。另外，WHDI 主要利用的是 5 GHz 的频带，数据传输速度最快可达 1.5 Gbps。充足的带宽，可以使 WHDI 传输 720P/1080i 的非压缩 HDTV 影像。

WHDI 的传输距离较远，且穿透力很强。其支持采用 Deep Color 技术的 1080p/60Hz 全高清显示，有效传输距离为 30m，而且其在 30m 之内可穿透墙壁（影响极小，延迟小于 1ms）。

WHDI 指定了高清视频传输、音频和控制。全面 WHDI 控制协议将使用户能够集中控制家庭中的所有 A/V 设备，传输几乎没有延迟，用户不会遇到声音和视频异步的问题，也可以利用 WHDI 连接网络娱乐音频视频游戏。

3.5 发展趋势

随着移动通信技术的革新及互联网产业的迅猛发展，移动互联网产业融合趋势愈加明显，主要体现在产业链与平台的融合、社交本地移动（SoLoMo）化和微件（Widget）化等方面。网络融合是电信网和互联网融合的基础，终端融合是电信网和互联网融合的保障。

百度公司发布的 2013 年第 1 季度《移动互联网发展趋势报告》提出了以下移动互联网发展趋势：

（1）在使用时长方面，移动端已经领先 PC 端。虽然移动端仍在快速增长，但对 PC 端时长占用的影响已开始越来越小。

（2）移动浏览器的增长出现放缓趋势。Android 平台上，浏览器的增长幅度仅为 2%，而影音的增长幅度为 31%，影音已经替代浏览器成为使用时长第一的应用。

（3）本地应用面临一些问题：应用总量增长的情况下，日启动次数却下降；出现马太效应，很少的应用占据绝大比例的下载次数。

（4）轻量级应用（Light App）或网络应用（Web App）面临发展机遇。不同于本地应用，Light App 可以大幅减少开发成本，而且即搜即用，因而使用前景广阔。但是它对技术环境要求较高，技术还不成熟，有待进一步发展。

此外，以下发展趋势也日趋明朗：

（1）整体发展趋势——与互联网的融合。

移动互联网整体发展趋势是它与互联网的融合，在业务层面，二者在内容和应用体验方面趋同发展，但移动互联网的产品推出速度比传统互联网更快，它的内容和应用与桌面互联网加速融合。在网络层面，移动运营商提供移动高速廉价的接入服务，提供移动上网通道，向固定互联网接入融合。

（2）产业链和平台趋于融合。

随着用户对个性化和差异化业务的需求增强，移动互联网呈现产业链、平台融合化发展趋势，业务的创新要求融合更多的第三方平台，包括电信运营商、终端厂商、互联网信息提供商甚至普通用户的广泛参与。未来移动互联网产业生态环境，需要广泛吸引第三方参与，建立清晰合理的产业价值链。

（3）SoLoMo 化——社交化 + 本地化 + 移动化的融合。

SoLoMo 化即 Social（社交化）、Local（本地化）和 Mobile（移动化）。随着智能手机终端的普及和云计算的广泛应用，特别是以社交网络为特色的社会化媒介平台与 LBS 位置服务及移动互联网相结合，将从根本上改变以前的上网方式、交流方式、沟通方式和生活方式。位置服务与信息服务相结合，如 GPS 定位、天气预报、交通状况、餐馆信息、定位最近的便利服务（如加油站、咖啡馆、公厕）、购物信息、优惠券及 ATM 机信息等，将极具实用价值。

（4）移动互联网 Widget 化。

作为 Web2.0 的典型应用之一，Widget 目前在桌面以及固定互联网领域大行其道，借助 Widget，用户能够选择自己喜欢的上网方式，享受更加个性化的移动互联网服务。移动 Widget 客户应用具有部件化、自主化、定制化、简单、灵活、易用、可传播等特点，Widget 所标志的移动互联生活将引领全民的信息再造，让丰富的网络资源切分成为个体定制的移动提醒服务，从而真正实现随时随地获取信息。

3.5.1 发展机遇与挑战

3.5.1.1 发展机遇

总的来说，我国已经在互联网和移动通信两个领域有了良好的发展基础：

（1）全球第一的移动用户、网络规模；

（2）全球第一的互联网用户与庞大的业务量；

（3）全球第一的终端产能；

（4）具有世界影响力的互联网企业；

（5）实力强劲的移动网络设备制造商；

（6）排名前列的网络运营商；

（7）数量众多、具有相当经验和能力的 SP；

……

移动互联网作为移动通信与互联网相结合的新领域，凭借已有的基础和良好的内外部条件，我国完全有可能通过全行业的共同努力，在移动智能终端基础软、硬件和终端应用软件、移动网络技术、移动互联网服务等各方面实现创新突破，进而带动整个互联网和电信业的创新跨越，加快我国信息化进程。

3.5.1.2 发展面临的挑战

我国凭借全球最大的用户规模、终端产能以及 3G 网络环境，过去两年来在移动互联网终端、浏览器等应用软件、移动 WAP 及 Web 应用发展上取得明显进展，然而总体上仍处在跟随状态。我国自主创新的终端软件平台还没有获得足够的市场规模，终端硬件平台与国际先进水平差距显著，海量用户规模、内容信息资源和设备产能尚未形成合力，整体话语权仍然不强。迫切需要加强国家统筹设计，加快技术产业战略布局，落实行动计划，力争实现创新突破，建立技术产业优势，推动移动互联网自主创新，构建发展新优势。

3.5.1.3 安全管理面临的挑战

移动互联网在带来巨大发展机遇的同时，也将带来网络安全管理的新挑战。考虑到移动通信用户的海量基数、互联网技术业务的不断创新，以及移动互联网本身所具有的独特能力，管理方面的新问题、新情况将不断出现，让移动互联网安全管理面临新挑战。

3.5.2 下一代移动通信技术

4G 技术是目前最新一代的移动通信技术，全球主要运营商均已开始或将要部署 4G 商用网络，预计到 2015 年，包括 4G 在内的全球通信产业规模将达到 15 万亿元。据全球移动设备供应商协会（Global Mobile Suppliers Association，GSA）报告，截至 2012 年 11 月，全球 105 个国家和地区的 360 家运营商正在投资 LTE，目前全球已有 51 个国家和地区的 113 张 LTE 商用网络。

随着移动通信 LTE 及 4G 技术标准化及商用化进程的加快，移动互联网产业应用日益活跃带来的移动数据业务量大幅提升及应用种类不断丰富多样，对移动传输速率和频率有效性提出了更高的要求，移动通信产业界及研究机构开始关注和探讨下一代移动通信新技术的发展，为产业可持续发展寻求更优化更节能的解决方案。

下一代移动通信技术将会秉承 LTE/4G 蜂窝移动通信的发展轨迹，通过新技术的应用大力提高频谱效率，并注重绿色节能。

3.5.3 下一代无线局域网技术

2009 年 9 月，国际电子电气工程师协会（IEEE）正式批准了 802.11n 这一新无线局域网（Wi-Fi）标准。802.11n 可达到至少 300 Mbps 的传输率，是上一代 802.11g 标准的大约 6 倍。802.11n 支持多入多出（MIMO）天线阵列特性来提高速度和加强信号。

802.11n 无线局域网标准刚刚尘埃落定不久，IEEE 就全面转入下一代 802.11ac 的制定工作，目标是在不久的将来实现千兆级别的无线局域网传输速度。

802.11ac 作为 IEEE 的新一代标准，借鉴并更进一步地优化了 802.11n 的优点。802.11ac 是一个更快且更易扩展的 802.11n 版本。802.11ac 结合了无线技术的灵活与千兆以太网的高容量。无线局域网站点中每个无线接入点所支持的用户数量会获得极大的改进，每个用户能够拥有更好的体验，并且能够为更多的并行视频流提供更多的可用带宽。

802.11ac 一个显著特点是利用了过去 6 年多硅芯片技术的改进来实现：信道带宽更宽，调制更加密集，无线接入点能够集成更多的功能。

4 移动平台

移动智能终端需要后台系统的支撑。本章介绍的移动平台就是此后台系统，主要指安装在移动智能终端上的操作系统。如果把移动智能终端比作躯体，那么移动平台可视为其灵魂。下面主要介绍移动平台的分类及特点。

4.1 概述

当下比较流行的移动平台有苹果的 iOS、谷歌的 Android、微软的 Windows 等。

4.1.1 iOS

iOS 平台是由苹果公司开发的手持设备操作系统。最初是设计给 iPhone 使用的，后来陆续套用到 iPod touch、iPad 以及 Apple TV 等苹果产品上。iOS 与苹果的 Mac OS X 操作系统一样，也是以 Darwin 为基础的，因此同样属于类似于 Unix 的商业操作系统。

4.1.1.1 发展历史

iOS 最早于 2007 年 1 月 9 日的苹果 Macworld 展览会上公布，随后于同年 6 月发布第一版 iOS 操作系统，当初的名称为“iPhone 运行 OS X”。最初，由于没有人了解“iPhone 运行 OS X”的潜在价值和发展前景，导致没有一家软件公司、没有一个软件开发者给“iPhone 运行 OS X”开发软件或者提供软件支持。于是，苹果公司时任首席执行官史蒂夫·乔布斯说服各大软件公司以及开发者可以先搭建低成本的网络应用程序（Web App）来使得它们能像 iPhone 的本地化程序一样来测试“iPhone runs OS X”平台。

2007 年 10 月 17 日，苹果公司发布了第一个本地化 iPhone 应用程序开发包（SDK），并且计划在 2 个月发送到每个开发者以及开发商手中。

2008 年 3 月 6 日，苹果公司发布了第一个测试版开发包，并且将“iPhone runs OS X”改名为“iPhone OS”；9 月将 iPod touch 的系统也换成了“iPhone OS”。

2010 年 2 月 27 日，苹果公司发布 iPad。iPad 同样搭载了“iPhone OS”。这年，苹果公司重新设计了“iPhone OS”的系统结构和自带程序；6 月将“iPhone OS”改名为“iOS”，同时还获得了思科 iOS 的名称授权；第 4 季度 iOS 占据了全球智能手机操作系统 26% 的市场份额。

2011 年 10 月 4 日，苹果公司宣布 iOS 平台的应用程序已经突破 50 万个。

2012 年 2 月，应用总量达到 552247 个，其中游戏应用最多，达到 95324 个，比重为 17.26%；书籍类以 60604 个排在第二，比重为 10.97%；娱乐应用排在第三，总量为 56998 个，比重为 10.32%；6 月在 WWDC 2012 上宣布了 iOS 6，提供了超过 200 项新功能。苹果公司计划在 2013 年推出的下一代 iPhone 或 iPad 的新操作系统 iOS 7。届时，中国移动的 TD-LTE 网络将在 iOS7 中得到支持。

4.1.1.2　系统架构

iOS 的系统架构分为以下四层：核心操作系统层（the Core OS layer）、核心服务层（the Core Services layer）、媒体层（the Media layer）和 Cocoa 触摸框架层（the Cocoa Touch layer）。

（1）核心操作系统层如图 4.1 所示。

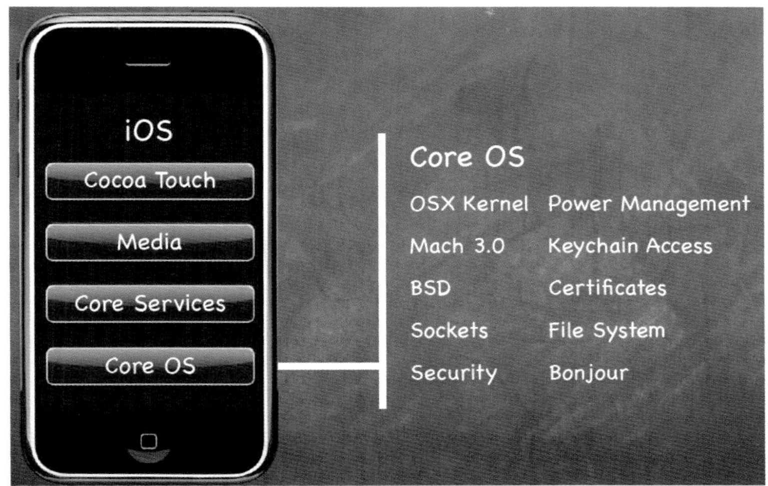

图 4.1　iOS 核心操作系统层

（2）核心服务层如图 4.2 所示。

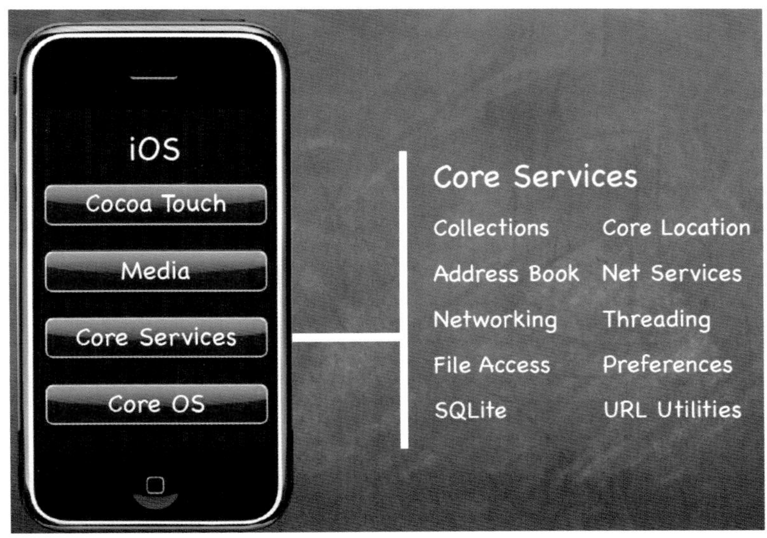

图 4.2　iOS 核心服务层

（3）媒体层如图 4.3 所示。

（4）触摸框架层如图 4.4 所示。

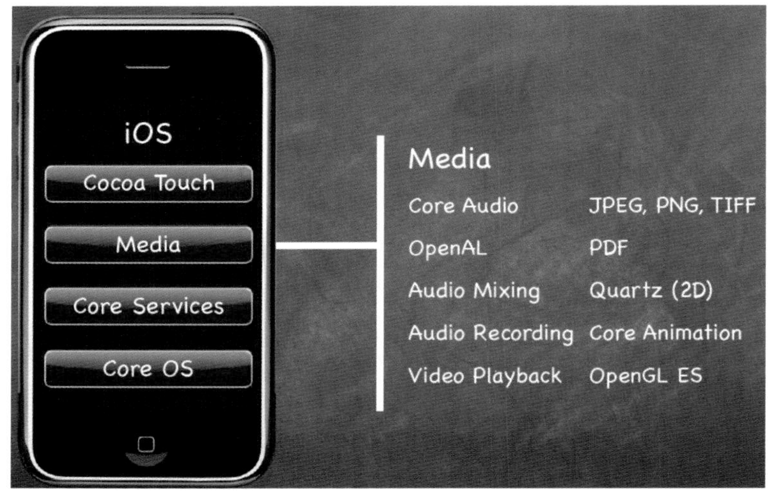

图 4.3　iOS 媒体层

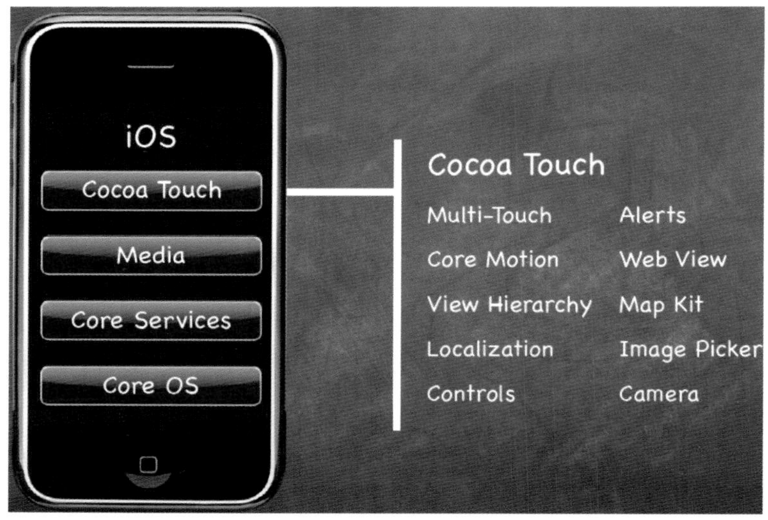

图 4.4　iOS 触摸框架层

4.1.1.3　平台优势

（1）高端平台：iOS 平台具有内容搭载和应用程序优势，提供了较好的用户体验。

（2）封闭环境：对于消费者来说，可以信任应用程序，因为每个应用都经过了 Apple 的检查，消费者知道他们是完全可以放心的。

（3）优质开发框架：Apple 提供了比较优秀的现成框架，比如它的动画制作超级简单，功能考虑全面。

（4）高质量标准：Mac 和 iOS 开发者倾向遵守苹果应用和设备的“高质量文化”，因此它们以更高的标准来设计，开发出来的应用质量都很高。

4.1.2　Android

Android 一词的本义指“机器人”，同时也是 Google 于 2007 年 11 月宣布的基于 Linux

平台的开源手机操作系统的名称。该平台由操作系统、中间件、用户界面和应用软件组成。

Android 的 Logo 是由 Ascender 公司设计的。其中的文字使用了 Ascender 公司专门制作的“Droid”的字体。Android 是一个全身绿色的机器人，绿色也是 Android 的标志。颜色采用了 PMS 376C 和 RGB 中十六进制的 #A4C639 来绘制，这是 Android 操作系统的品牌象征。有时候，它们还会使用纯文字的 Logo。

2012 年 7 月美国科技博客网站 BusinessInsider 评选出 21 世纪 10 款最重要电子产品（图 4.5），Android 操作系统和 iPhone 等榜上有名。图 4.6 是 Android 各代版本 Logo。

图 4.5　BusinessInsider 评选出的 10 款最重要电子产品

图 4.6　Android 各代版本 Logo

4.1.2.1　*发展历史*

2003 年 10 月，Andy Rubin 等创建 Android 公司，并组建 Android 团队。

2005 年 8 月 17 日，Google 低调收购了成立仅 22 个月的高科技企业 Android 及其团队。安迪鲁宾成为 Google 公司工程部副总裁，继续负责 Android 项目。

2007 年 11 月 5 日，谷歌公司正式向外界展示名为 Android 的操作系统，并且在这天谷歌宣布建立一个全球性的联盟组织，发布了 Android 的源代码。

2008 年，在 GoogleI/O 大会上提出了 Android HAL 架构图，8 月获得了美国联邦通信委员会的批准，9 月正式发布了 Android 1.0 系统，这也是 Android 系统最早的版本。

2009 年 4 月，谷歌正式推出了 Android 1.5 手机，由此开始将 Android 版本以甜品的名字命名，1.5 版本称之为纸杯蛋糕；9 月发布了 Android 1.6 的正式版（甜甜圈）。

2010 年 2 月，Android 与 Linux 开发主流分道扬镳；谷歌在 5 月正式发布了 Android 2.2 操作系统（冻酸奶）；10 月官方数字认证的 Android 应用数量已达 10 万个；12 月正式发布了 Android 2.3 操作系统（姜饼）。

2011 年 7 月，Android 系统设备的用户总数达 1.35 亿个，Android 系统成为智能手机领域占有量最高的系统；8 月 Android 手机市场份额跃居全球第一；10 月发布 Android 4.0 操作系统（冰激凌三明治）。

2012 年 1 月，谷歌 Android Market 已有 10 万开发者推出超过 40 万种应用，多数应用免费。

4.1.2.2 系统架构

Android 的系统架构和其操作系统一样，采用了分层的架构。从图 4.7 所示系统架构看，Android 分为应用程序、应用程序框架、系统运行库和 Linux 内核四个层。

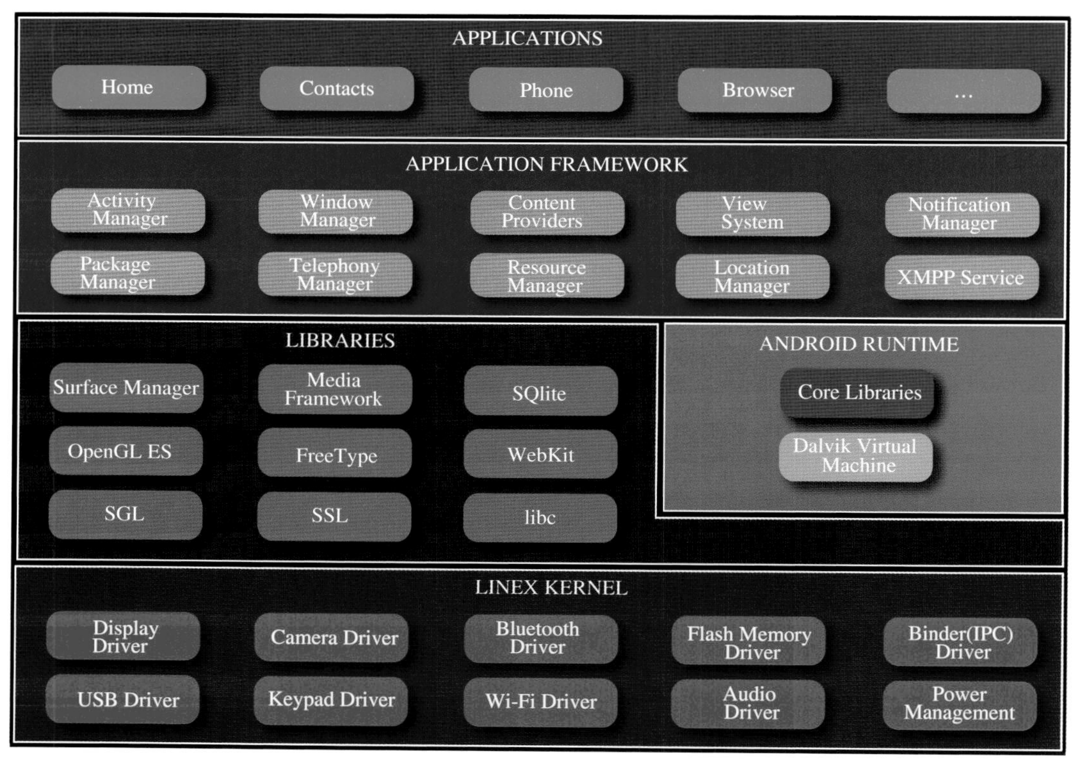

图 4.7 Android 系统架构

（1）应用程序层。

Android 会同一系列核心应用程序包一起发布，该应用程序包包括客户端、SMS 短消息程序、日历、地图、浏览器、联系人管理程序等。所有的应用程序都是用 JAVA 语言编写的。

（2）应用程序框架层。

开发人员也可以完全访问核心应用程序所使用的 API 框架。该应用程序的架构设计简化了组件的重用；任何一个应用程序都可以发布它的功能块并且任何其他的应用程序都可以使用其所发布的功能块（不过得遵循框架的安全性）。同样，该应用程序重用机制也使用户可以方便地替换程序组件。

隐藏在每个应用后面的是一系列的服务和系统，包括丰富而又可扩展的视图（Views）、内容提供器（Content Providers）、资源管理器（Resource Manager）、通知管理器（Notification Manager）、活动管理器（Activity Manager）。

（3）系统运行库层。

Android 包含的核心库主要有：①系统 C 库，一个从 BSD 继承来的标准 C 系统函数库 Libc，它是专门为基于 Embedded Linux 的设备定制的；②媒体库，基于 Packet Video OpenCORE，该库支持多种常用的音频、视频格式回放和录制，同时支持静态图像文件；③ Surface Manager，对显示子系统的管理，并且为多个应用程序提供 2D 和 3D 图层的无缝融合；④ LibWebCore，一个最新的 Web 浏览器引擎用，支持 Android 浏览器和一个可嵌入的 Web 视图。

（4）Linux 内核层。

Android 是运行于 Linux Kerne 之上，但并不是 GNU/Linux。因为在一般 GNU/Linux 里支持的功能，Android 大都没有支持，包括 Cairo、X11、Alsa、FFmpeg、GTK、Pango 及 Glibc 等都被移除掉了。Android 又以 Bionic 取代 Glibc、以 Skia 取代 Cairo、再以 OpenCore 取代 FFmpeg，等等。Android 为了达到商业应用，必须移除被 GNU GPL 授权证所约束的部分，例如 Android 将驱动程序移到 Userspace，使得 Linux driver 与 Linux Kernel 彻底分开。Bionic/Libc/Kernel/ 并非标准的 Kernel Header Files。Android 的 Kernel Header 是利用工具由 Linux Kernel Header 所产生的，这样做是为了保留常数、数据结构与宏。

Android 的 Linux Kernel 控制包括安全（Security）、存储器管理（Memory Management）、程序管理（Process Management）、网络堆栈（Network Stack）、驱动程序模型（Driver Model）等。下载 Android 源码之前，先要安装其构建工具 Repo 来初始化源码。Repo 是 Android 用来辅助 Git 工作的一个工具。

4.1.2.3 平台优势

（1）开放和免费。

由于开放和免费的特征，Android 被认为是最容易被选用的操作系统。Android 也是从智能手机平台扩展到平板电脑平台的操作系统。Android 系统对硬件规格没有严格的限定和要求，智能手机产品规格多样，其实际应用的系统版本也有较大差异。这一点与苹果封闭系统上硬件平台单纯简洁形成了鲜明对比。

（2）不受束缚。

在过去很长的一段时间，特别是在欧美地区，手机应用往往受到运营商制约，使用什么功能接入什么网络，几乎都受到运营商的控制。自从 2007 年 iPhone 上市后，用户可以更加方便地连接网络，运营商的制约减少了。随着 3G 移动网络的逐步过渡和提升，手机

随意接入网络已成为现实。

（3）应用兼容。

由于 Android 的开放性，众多的厂商会推出千奇百怪、功能特色各具的多种产品。功能上的差异和特色，却不会影响到数据同步、甚至软件的兼容，如同从诺基亚 Symbian 风格手机一下改用苹果 iPhone，同时还可将 Symbian 中优秀的软件带到 iPhone 上使用，联系人等资料更是可以方便地转移。

（4）方便开发。

Android 平台提供给第三方开发商一个十分宽泛、自由的环境，不会受到各种条条框框的阻挠，可想而知，会有多少新颖别致的软件会诞生。但也有其两面性，血腥、暴力、色情方面的程序和游戏如何控制正是留给 Android 的难题之一。

（5）Google 应用。

Google 从搜索领域到全面的互联网渗透，Google 服务如地图、邮件、搜索等已经成为连接用户和互联网的重要纽带，而 Android 平台手机将无缝结合这些优秀的 Google 服务。

4.1.3 Windows

主流 Windows Phone 平台力图打破人们与信息和应用之间的隔阂，提供适用于工作、娱乐、生活等方方面面的体验。Windows Phone 具有桌面定制、图标拖拽、滑动控制等一系列前卫的操作体验。其主屏幕通过提供类似仪表盘的体验来显示新的电子邮件、短信、未接来电、日历约会等，让人们对重要信息保持时刻更新。它还包括一个增强的触摸屏界面（更方便手指操作），以及一个最新版本的 IE Mobile 浏览器，很容易看出微软在用户操作体验上所做出的努力。史蒂夫·鲍尔默表示：“全新的 Windows 手机把网络、个人电脑和手机的优势集于一身，让人们可以随时随地享受到想要的体验。”

4.1.3.1 发展历史

2010 年 10 月正式发布 Windows Phone 智能手机操作系统的第一个版本 Windows Phone 7，简称 WP7。同年底发布了基于此平台的硬件设备。

2011 年 9 月，微软发布了 Windows Phone 系统的重大更新版本“Windows Phone 7.5”，首度支持中文。

2012 年 6 月，微软正式发布操作系统 Windows Phone 8，简称 WP8，宣布 Windows Phone 进入双核时代。WP8 10 月上市，不支持市面上所有的 WP7.5 手机升级。

4.1.3.2 平台优势

Windows Phone 平台的主要优势有：（1）增强的 Windows Live 体验，包括最新源订阅，以及横跨各大社交网站的 Windows Live 照片分享，等等；（2）更好的电子邮件体验，在手机上通过 Outlook Mobile 直接管理多个账号，并使用 Exchange Server 进行同步；（3）Office Mobile 办公套装，包括 Word、Excel、PowerPoint 等组件；（4）在手机上使用 Windows Live Media Manager 同步文件，使用 Windows Media Player 播放媒体文件；（5）重新设计的 Internet Explorer 手机浏览器，不支持 Adobe Flash Lite；（6）Windows Phone 的短信功能集成了 Live Messenger（俗称 MSN）；（7）应用程序商店服务 Windows Marketplace for Mobile 和在线备份服务 Microsoft My Phone 也已同时开启，前者提供多种个性化定制服务，比如主题。

除此以外，Windows Phone 平台还包括以下优势：

（1）动态磁铁（Live Tile）。

Live Tile 是出现在 WP 新的一个概念，这是微软的 Metro 概念。Metro 是长方图形的功能界面组合方块，Metro UI 要带给用户的是 glance and go 的体验。Mango 中的应用程序可以支持多个 Live Tiles。在 Mango 更新后，Live Tile 的扩充能力会更明显，Deep Linking 既可以用在 Live Tiles 上，也可以用在 Toast 通知上。Live Tile 只支持直式版面，也就是你将手机横着拿，Live Tile 的方向也不会改变。

Metro UI 是一种界面展示技术，和苹果的 iOS、谷歌的 Android 界面最大的区别在于：后两种都是以应用为主要呈现对象，而 Metro 界面强调的是信息本身，而不是冗余的界面元素。显示下一个界面的部分元素的功能上的作用主要是提示用户“这儿有更多信息”。同时在视觉效果方面，有助于形成一种身临其境的感觉。

（2）人脉（People Hub）。

People Hub 的基本功能相当于传统意义上的“联系人”，只不过功能大为强化，带有各种社交更新，还实时云端同步。Mango 里面引入了占 4 个小格子的大号头像，让每个联系人都有充分展示自己的机会。引入了人性化的联系人分组，如自带的 Family（家人）分组，里面默认是空的，自动摘取联系人中所有与您同姓的，建议加入该组。

（3）市场（Marketplace）。

采用了类似 iOS 的方式，在 Marketplace 里选择下载某款应用之后，立即返回到应用列表界面（若下载游戏则跳到 Xbox Live 界面），同时显示图标和下载进度，在进度条中下载和安装各占一半，到 50% 时下载完毕，100% 时安装完毕。微软应用商店中还会为 Windows Phone 系统手机的用户提供一些手机厂商专有的应用，这些应用只有使用此品牌手机的用户所拥有，别人无法使用。诺基亚和微软为了进一步推动 Windows Phone 平台手机的发展可谓尽心尽力。诺基亚已经和全球领先的互动娱乐软件公司 EA 合作，将多款人气游戏引进 Windows Phone 平台上。

4.1.4 其他

除了上面介绍的移动平台外，还有诺基亚的 Symbian、黑莓的 BlackBerry、惠普的 WebOS 和由诺基亚等推动的 MeeGo 等其他平台。下面简单介绍其中的 WebOS 和 MeeGo 平台。

4.1.4.1 WebOS

Palm WebOS 最初是为 Palm 智能手机而开发的。该平台于 2009 年 6 月 6 日正式发布，将在线社交网络和 Web 2.0 一体化作为重点。第一款搭载 WebOS 系统的智能手机是 Palm Pre，于 2009 年 6 月 6 日发售。由于 Palm 被惠普收购，WebOS 收归惠普旗下。

WebOS 可以称为网络操作系统。它是一种基于浏览器的虚拟操作系统，用户通过浏览器可以在这个 WebOS 上运用基于 Web 的在线应用的操作来实现文件存储、文档编辑、媒体播放等 PC 常用功能。惠普计划在旗下更多设备中融入 WebOS，这包括个人电脑以及打印机等设备。随着在线网络应用服务的不断发展，云端服务将逐渐融入用户的生活中。

当前，WebOS 在平板电脑上的使用才刚刚开始，相比抢跑多年的 Android 和 iOS 略显稚嫩。WebOS 平台最明显的不足就是应用支持不够。过去一年，苹果和谷歌平台上的应用程度发展迅猛，这是 WebOS 平台没有做到的，惠普需要迅速赶上。为此，惠普已经和各行业知名企业合作，比如 Time Warner、Facebook、Last.fm、Rovio（Angry Birds）和 NBA。

4.1.4.2 MeeGo

MeeGo 是诺基亚和英特尔宣布推出的一个免费手机操作系统。该操作系统可在智能手机、笔记本电脑和电视等多种电子设备上运行，并有助于这些设备实现无缝集成。这种基于 Linux 的平台被称为 MeeGo，融合了诺基亚的 Maemo 和英特尔的 Moblin 平台。

“比 Android 更开放，比 iOS 更强调用户体验”是 MeeGo 给自己的定义。该产品不但可以用于平板电脑，更是对垂直化互联网设备虎视眈眈，这包括手机、上网本、车载设备，甚至互联网电视。

4.2 特点

4.2.1 时间碎片化

移动设备的方便携带，也同时带来了浏览时间的碎片化。以智能手机为例：我们通常在短暂的时间里完成一件任务或者是进行一个娱乐事件，比如：散步、坐公交、午后闲暇、旅行的时候，以及拍照、分享、做笔记、玩游戏、购物，等等，在平均短短 5 ～ 30min 的时间里，手机常常被拿起放下，思路常常被打断，时间被分割为零碎的片段，如图 4.8 所示。

图 4.8　时间碎片化

4.2.2 手势的应用

移动触屏的产生，同时也带来了各种手势的配搭。这些手势的应用，相比于键盘、鼠标，能更加快速做出响应，并且降低学习成本，更加直观地进行人机交流，如图 4.9 所示。

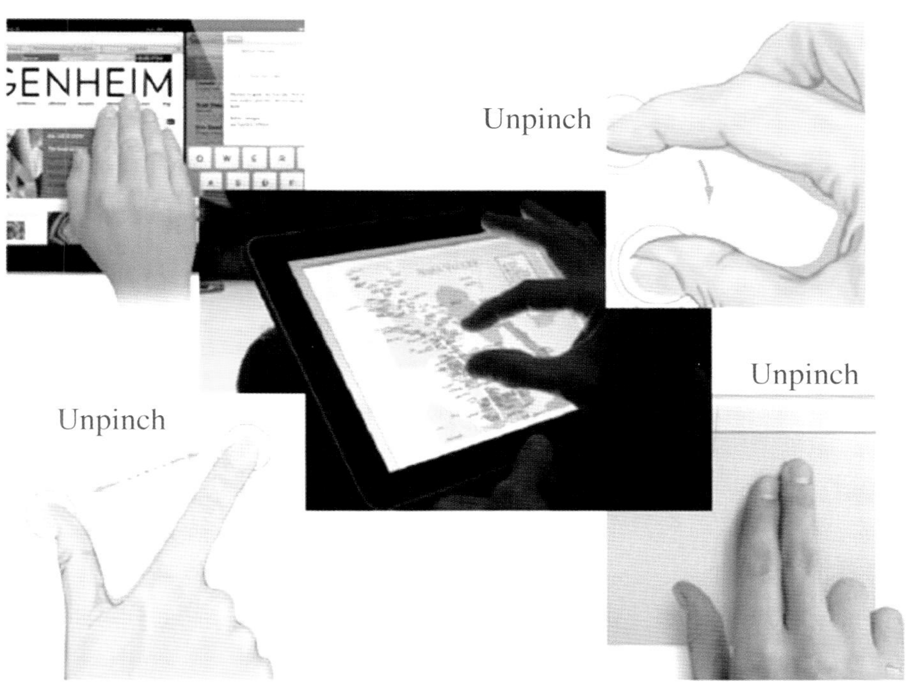

图 4.9　移动平台手势的应用

然而，触摸相比鼠标而言无法达到高度的精准，也无法出现像网页中的鼠标指住(Hover)、悬停等效果。

各主流移动平台对手势应用的支持程度不同，见表 4.1。

表 4.1　主流移动平台手势应用一览表

手势	iPhone	Android	Palm OS	Windows Phone7
点击	打开应用或链接	√	√	√
双击	以点击中心缩放	√	√	√
快速滑动	滑动或平移页面（惯性）	√	√	√
拖动	滑动、平移页面或空间（无惯性）	√	√	√
双指扩张	扩大	√	√	√
双指收缩	缩小	√	√	√
长按	进入编辑状态，调整桌面图标顺序	—	—	—
双指滑动	页面中的文本框内滚动	—	—	—
横向滑动（控件上）	调出删除按钮	—	—	—
屏幕外向内滑动	—	—	—	—

4.2.3 屏幕的限制

屏幕空间的限制是移动平台设计的枷锁。在单个界面的展示，需要简洁再扼要，交互轻量再轻量，层级浅显再浅显。在有限的屏幕中展现更多的信息，有三个要素：

（1）巧妙利用工具栏与工具条（Toolbar）的隐藏与浮出：最大程度地展示主题，同时快速地做出交互动作。

（2）合理放置控件布局：尽量把最重要的交互按钮和信息放置在第一屏中。

（3）有针对性地移植：现在有越来越多的客户端应用都来自成熟的网站产品的转移，但网页所能承载的信息与交互远远大于客户端。因此，应该高度解理产品的核心功能与精神理念，提取最重要的信息模块进行客户端的转移。

4.2.4 限制输入

在使用智能手机和其他移动设备的时候，往往在环境不稳定的碎片时间里快速地完成任务，输入文字也需要花费一定的时间精力，在不得已的情况下，用户并不喜欢在手机上长时间地敲击虚拟键盘，所以许多优秀的 App 就会用其他的功能代替键盘，比如微信的语音功能。

4.2.5 流量与费用的考虑

移动用户通常使用流量套餐来享受上网的乐趣，所以在设计 App 时应同时考虑对流量与耗电量的节约，比如合理的图片展示对流量的影响。

5　移动应用安全

5.1　概述

移动应用安全的范围很广泛，它包括诸多因素，即任何会给应用带来负面影响的因素。无线网络、移动终端是构成移动应用的两个关键要素。首先是移动设备大都体积较小，因此，用户很容易丢失或遗忘、被盗窃。虽然大多数 IT 公司对位于企业网络上的服务器和数据库都有比较完善的身份验证机制，但是移动设备本身还是很容易受到攻击。移动应用以互联网为基础，通过无线网络实现移动终端与互联网的通信，运行各类移动应用。由于作为移动互联网基础的互联网存在着各类天然的安全缺陷，所以这些安全缺陷也存在于移动应用中，比如互联网上 IPv4 协议所存在的安全缺陷，各类基于互联网的安全攻击等。更有一些安全缺陷由于移动互联网的特性而被放大，比如，由于无线网络没有物理限制，具有发散性，网络监听更容易进行。另外，数据泄密问题也被放大，移动智能终端的广泛应用加宽了数据的泄露途径。

本章重点讨论的是移动应用所依托的无线网络（主要是移动通信网络）和移动智能终端带来的安全隐患和解决方案。

5.1.1　安全需求

移动应用的安全通常主要涉及以下几个方面的内容：

（1）数据机密性（confidentiality）。

移动应用应该对主要信息进行加密处理，防止对信息的非法操作（对信息的非法存取、窃取、篡改等），以避免非法用户获取和解读原始数据。移动应用信息直接代表着个人、企业或国家的商业秘密，而移动应用建立在开放的网络环境上。因此，要预防非法的信息存取和信息被非法窃取。

防止合法或隐私数据为非法用户所获得，通常使用加密的手段来实现，从而确保交易内容只有交易双方可知，不被无关第三方所获悉。

（2）完整性（integrity）。

数据输入时的意外差错或欺诈行为，数据传输过程中的信息丢失、信息重复或信息传送的次序差异可能会导致各方信息的差异。保持各方信息的完整性是移动应用的基础。因此要预防对信息的随意生成、修改和删除，同时要防止数据传送过程中的信息丢失和重复，并保证信息传送次序的统一。移动应用系统应该提供对数据进行完整性验证的手段。完整性要求保证数据的一致性，防止数据被非授权监理、修改和破坏。完整性一般可通过提取信息消息摘要的方式来获得，从而确保交易他方或非法入侵者不能对信息内容进行修改。

（3）鉴别（authentication）。

移动应用系统应该提供通信双方进行身份鉴别的机制，确定双方的身份是可信任的。

一般通过数字签名和数字证书相结合的方式来实现用户身份的鉴别。

（4）不可否认性（non-repudiation）。

确保通信信息的正确性，通信双方不能否认信息的发生。

5.1.2 安全问题

移动应用可能遇到的安全问题包括以下几个方面。

（1）窃听。

窃听是简单的获取非加密网络信息的形式。这种方式可以同样应用于无线网络，利用具有指定方向功能的天线，让无线网络接口集中接收某个方向的信号，就可以很容易监控局域网。

（2）病毒。

病毒不但可以影响网络，甚至可以对移动终端造成影响。虽然目前发现的手机病毒不会对移动应用系统造成本质的损耗，但随着移动终端功能的完善，这个问题的影响将会加剧。

（3）欺骗与木马。

欺骗可以隐藏信息的来源，或对合法用户进行欺诈。移动应用中可以使用改进的重放攻击和中间人攻击来蒙骗用户，套取用户的隐私信息。木马等黑客程序可直接或间接地骗取用户的信任，对交易双方的敏感信息进行记录与跟踪。

（4）口令攻击与协议安全。

过于简单的口令和不完善的协议也会给非法入侵者提供便利，系统的脆弱性也有可能导致系统的崩溃。

（5）拒绝服务攻击（denial of services，DOS）。

DOS 攻击是使移动通信网络丧失服务功能和提供资源能力的一种攻击行为。由于移动通信网络现有带宽有限，DOS 攻击对移动通信网络的影响远比对普通互联网大得多。

因此考虑安全的移动应用，不能照搬普通应用系统的模式，必须针对移动环境的特点，寻求基于移动安全技术的解决方案。

5.2 移动互联网

5.2.1 安全目标

移动互联网的安全目标是：（1）保证用户相关信息得到充分保护，防止被误用和盗用；（2）保证由服务网络和归属环境提供的资源和业务得到充分保护，防止被误用和盗用；（3）保证安全特征集至少基于一个全球通用加密算法，使得安全特征被充分地标准化，确保世界范围内互操作和不同服务网络之间的漫游；（4）保证提供给用户和业务供应者的保护级别比当代固定和移动网络（包括 GSM）提供的高；（5）保证 3GPP 安全特征、机制和实现能被扩展和加强。

其中 3G 安全结构定义了 5 个安全特征集，每一安全特征集应对某些威胁，实现某些安全目标：(1) 网络接入安全特征集提供用户安全接入3G业务，特别能抗击在（无线）接入链路上的攻击；(2) 网络域安全特征集使在提供者域中的结点能够安全地交换信令数据，抗击在有线网络上的攻击；(3) 用户域安全特征集确保安全接入移动终端；(4) 应用域安全特征集使在用户域和在提供者域中的应用能够安全地交换消息；(5) 安全的可视性和可配置性安全特征集使用户能知道一个安全特征集是否在运行，且业务的使用和提供是否应依赖于该安全特征集。

5.2.2 不安全因素

移动互联网以无线网络作为承载工具，移动通信网络是目前无线网络中应用最广泛、产生问题最多的一种网络。下面将从移动通信网络的无线接口、网络端和第三代移动通信网的其他安全漏洞3个方面来介绍。

5.2.2.1 无线接口

在移动通信网络中，移动智能终端与固定网络端之间的所有通信都是通过无线接口来传输的，但无线接口是开放的，可通过无线接口窃听信道而取得其中的传输信息，甚至可以修改、插入、删除或重传无线接口中的消息，达到假冒移动用户身份以欺骗网络端的目的。根据攻击类型的不同，又可分为非授权访问数据、非授权访问网络服务、威胁数据完整性3种攻击类型。

(1) 非授权访问数据类攻击。

非授权访问数据类攻击的主要目的在于获取无线接口中传输的用户数据或信令数据，有以下几种：①窃取用户数据——获取用户信息；②窃取信令数据——获取网络管理信息和其他有利于主动攻击的信息；③无线跟踪——获取移动用户的身份和位置信息，实现无线跟踪；④被动传输流分析——猜测用户通信内容和目的；⑤流分析——获取访问信息。

(2) 非授权访问网络服务类攻击。

在非授权访问网络服务类攻击中，攻击者通过假冒一个合法移动用户身份来欺骗网络端，获得授权访问网络服务。

(3) 威胁数据完整性类攻击。

威胁数据完整性类攻击的目标是无线接口中的用户数据流和信令数据流。攻击者通过修改、插入、删除或重传这些数据流来达到欺骗数据接收方的目的，完成某种攻击意图。

5.2.2.2 网络端

在移动通信网络中，网络端的组成比较复杂。它不仅包含许多功能单元，而且不同单元之间的通信媒体也不尽相同。所以移动通信网络端同样存在着一些不可忽视的不安全因素，如在线窃听、身份假冒、篡改数据和服务后抵赖等。按攻击类型的不同，可分为4类：

(1) 非授权访问数据类攻击。

非授权访问数据类攻击的主要目的在于获取网络端单元之间传输的用户数据和信令数据，具体方法如下：①窃听用户数据——获取用户通信内容；②窃听信令数据——获取安全管理数据和其他有利于主动攻击的信息；③假冒通信接收方——获取用户数据、信令数据和其他有利于主动攻击的信息；④被动传输流分析——获取访问信息；⑤非法访问系统存储的数据——获取系统中存储的数据，如合法用户的认证参数等。

(2) 非授权访问网络服务类攻击。

非授权访问网络服务类攻击的主要目的是非法访问网络并逃避控制，具体的表现形式如下：①假冒合法用户——获取访问网络服务的授权；②假冒服务网络——访问网络服务；③假冒归属网络——获取可以假冒合法用户身份的认证参数；④滥用用户职权——不付费而享受网络服务；⑤滥用网络服务职权——获取非法盈利。

（3）威胁数据完整性类攻击。

移动通信网络端的威胁数据完整性类攻击不仅包括无线接口中的那些威胁数据完整性类攻击，而且还包括来自有线通信网络的攻击，具体表现如下：①操纵用户数据流——获取网络服务访问权或有意干扰通信；②操纵信令数据流——获取网络服务访问权或有意干扰通信；③假冒通信参与者——获取网络服务访问权或有意干扰通信；④操纵可下载应用——干扰移动智能终端软件的正常工作；⑤操纵移动智能终端——干扰移动智能终端的正常工作；⑥操纵网络单元中存储的数据——获取网络服务访问权或有意干扰通信。

（4）服务后抵赖类攻击。

服务后抵赖类攻击是在通信后否认曾经发生过此次通信，从而逃避责任，具体表现如下：①付费抵赖——拒绝付费；②发送方否认——不愿意为发送的消息服务承担责任；③接收方抵赖——不愿意为接收的消息服务承担责任。

5.2.3 第三代移动通信网的其他安全漏洞

移动通信网络中，第三代移动通信网络（即 3G）在安全性上比第二代移动通信网络（即 2G）有了进一步的提高，但是 3G 依然存在诸多安全漏洞：

（1）对敏感数据的非法获取，对系统信息的保密性进行攻击。主要包括：①侦听——攻击者对通信链路进行非法窃听，获取消息；②伪装——攻击者伪装合法身份，诱使用户和网络相信其身份合法，从而窃取系统信息；③浏览——攻击者对敏感数据的存储位置进行搜索；④泄露——攻击者利用合法接入进程获取敏感信息；⑤试探——攻击者通过向系统发送信号来观察系统的反应。

（2）对敏感数据的非法操作，对消息的完整性进行攻击。主要包括：对消息的篡改、插入、重放或者删除。

（3）对网络服务的干扰和滥用，从而导致系统拒绝服务或者服务质量低下。主要包括：①干扰——攻击者通过阻塞用户业务、信令或控制数据，使合法用户无法使用网络资源；②资源耗尽——攻击者通过使网络过载，从而导致用户无法使用服务；③特权滥用——用户或服务网络利用其特权非法获取非授权信息；④服务滥用——攻击者通过滥用某些系统服务，从而获得好处，或导致系统崩溃。

（4）抵赖，主要指用户或网络否认曾经发生的动作。

（5）对服务的非法访问。包括：攻击者伪造成网络或用户实体，对系统服务进行非法访问；用户或网络通过滥用访问权限非法获取未授权服务。

5.2.4 第三代移动通信主流安全技术

这里所讨论的通信安全技术，主要是指第三代移动通信系统中，移动通信网络的一些主流安全技术。

（1）接入网安全技术。

移动通信网络中用户信息通过开放的无线信道传输，因而很容易受到攻击。第二代移动通信系统（2G）的安全标准主要关注的也是移动终端到网络的无线接入这一部分安全性能。在第三代移动通信系统中，提供了相对于 2G 而言更强的安全接入控制，同时考虑了与 2G 的兼容性，使得 2G 平滑地向 3G 过渡。与 2G 一样，3G 中用户端接入网安全也是基于一个物理和逻辑上均独立的智能卡设备，即 USIM（Universal Subscriber Identity Module，全球用户识别卡）。未来的接入网安全技术将主要关注如何支持在各异种接入媒体之间的全球无缝漫游，这些媒体包括蜂窝网、无线局域网以及固定网。

（2）核心网安全技术。

与第二代移动通信系统一样，3GPP（The 3rd Generation Partnership Project，3G 技术规范机构）组织最初也并未为 3G 定义核心网安全技术。但是随着技术的不断发展，核心网安全也已受到了人们的广泛关注，在可以预见的未来，它必将被列入 3GPP 的标准化规定。目前一个明显的趋势是，3G 核心网将向全 IP 网过渡，因而它必然要面对 IP 网所固有的一系列问题。因特网安全技术也将在 3G 网中发挥越来越重要的作用。

（3）传输层安全技术。

尽管现在已经采取了各种各样的安全措施来抵抗对网络层的攻击，但是随着 WAP 和 Internet 业务的广泛使用，传输层的安全也越来越受到人们的重视。这一领域的相关协议包括 WAP 论坛的无线传输层安全（WTLS）、IEFT 定义的传输层安全（TLS）或其之前定义的 Socket 层安全（SSL）。这些技术主要是采用公钥加密方法，因而 PKI 技术可被利用来进行必要的数字签名认证，提供给那些需要在传输层建立安全通信的实体以安全保障。与接入网安全类似，用户端传输层的安全也是基于智能卡设备。在 WAP 中即定义了 WIM，当然在实际应用中，可以把 WIM 嵌入到 USIM 中去。但是现阶段 WAP 服务的传输层安全解决方案中仍存在着缺陷，WTLS 不提供端到端的安全保护。当一个使用 WAP 协议的移动代理节点要与基于 IP 技术的网络提供商进行通信时，就需要通过 WAP 网关，而 WTLS 的安全保护就终结在 WAP 网关部分。如何能够提供完整的端到端安全保护，已经成为 WAP 论坛和 IETF 关注的热点问题。

（4）应用层安全技术。

在移动通信网络中，除提供传统的话音业务外，电子商务、电子贸易、网络服务等新型业务将成为重要业务发展点，因而 3G 时代的移动通信网将更多地考虑在应用层提供安全保护机制。端到端的安全以及数字签名可以利用标准化 SIM 应用工具包来实现，在 SIM/USIM 和网络 SIM 应用工具提供商之间建立一条安全的通道。

（5）代码安全技术。

在第二代移动通信系统中，所能提供的服务都是固定的、标准化的，但是在 3G 系统中各种服务可以通过系统定义的标准化工具包来定制（如 3GPPTS23.057 定义的 GSM 网上的协议方式 -MExE）。MExE 提供了一系列标准化工具包，可以支持手机终端进行新业务和新功能的下载。在这一过程中，虽然考虑了一定的安全保护机制，但相对有限。MExE 的使用增强了终端的灵活性，但也使得恶意攻击者可以利用伪“移动代码”或“病毒”对移动智能终端软件进行破坏。为了抵御攻击，MExE 定义了有限的一部分安全机制。具体如下：首先定义了 3 个信任域节点，分别由运营商、制造商和第三方服务提供商控制；另外还定义了一个非信任的发送节点移动代码，在这些节点上的可执行功能是由一个标准化列表严格规定的。移动代码在执行特定功能前，MExE 终端会先检查代码的数字签名来验证代码是否被授权。MExE 中数字签名的使用需要用到合适的 PKI 技术来进行数字认证。公钥系统的信任节点是那些位于认证等级最高层的根公钥。MExE 允许根公钥内嵌入 3 个信任域节点设备中，并由其控制对哪些实体对象进行认证。但如何保证由数字签名建立的信任链能够真正为用户提供安全的应用服务还是一个尚待解决的问题。

5.2.5 安全解决方案

移动互联网的安全问题很多，相应的安全解决方案也不少。目前企业级的移动安全解决方案主要集中在移动智能终端设备管理和移动接入两方面。移动智能终端设备管理比较简单，移动接入也仅是基于连通方面，对于数据完整性等问题也还解决不到位。现在的移动接入主要是利用运营商的 VPDN 网络（Virtual Private Dial-up Networks，又称为虚拟专用拨号网），而 VPDN 本身就存在安全缺陷。VPDN 主要是在基站和企业端构建了安全通道，而手机接入基站时却缺乏有效的安全防护。

一个有效的移动安全解决方案应该包含接入安全、移动智能终端设备管理、数据安全三部分内容：

（1）接入安全：身份认证、链路加密、终端安全。

（2）移动智能终端设备管理：对设备状态进行管理，决定是否允许设备接入。

（3）数据安全：仅允许在企业端对数据进行操作，移动智能终端不能对数据进行操作。

现在某些国内移动安全解决方案能够对移动智能终端上的数据痕迹进行清理、清除操作，进一步保护了移动智能终端上的数据安全。

用户在选择移动安全解决方案时需要从自身业务需求出发：比如对于接入的严密程度、网络的连通问题等需求。如果只是查询需求，则无需考虑数据的加密问题。一般情况下用户还需要熟悉相关规定和技术，或者咨询专业安全厂商。

值得一提的是，未来移动安全服务与解决方案的准入与退出会面临政策标准制定的问题。现在相关部门正在进行标准和政策的制定，后继还将成立相关的测评机构。在技术层面要能够考虑移动接入安全、数据安全、移动设备管理等方面的问题。在政策方面要符合商密（国家商业密码管理局）、等级保护的标准。行业性标准以及地方标准也很重要，但要符合国家相关部门的标准。

5.3 移动智能终端安全

移动通信网是无线网络中目前应用最广泛的一种，其移动智能终端是由移动站组成的。移动站不仅是移动用户访问移动通信网的通信工具，它还保存着移动用户的个人信息，如移动设备国际身份号（IMEI）、移动用户国际身份号、移动用户身份认证密钥等。移动设备国际身份号代表一个唯一的移动电话，而移动用户国际身份号和移动用户身份认证密钥也对应一个唯一的合法用户。由于移动电话在日常生活中容易丢失或被窃，由此给移动电话带来了如下的一些不安全因素：（1）使用盗窃或捡来的移动电话访问网络服务，不用付费，给丢失移动电话的用户带来损失；（2）不法分子若读出移动用户的国际身份号和移动用户身份认证密钥，那么就可以“克隆”许多移动电话，并从事移动电话的非法买卖，给移动电话用户和网络服务商带来经济上的损失；(3) 不法分子还会更改盗窃或捡来的移动电话的身份号，以此防止被登记在丢失移动电话的黑名单上等。

5.3.1 智能终端各平台安全隐患

目前智能终端的主要操作系统平台有 Android、iPhone、Windows Phone7、Symbian 等。虽然恶意软件在各个平台都存在，但由于各个平台的安全机制差异甚大，其结果是，不同厂商的智能终端面临的安全风险截然不同。甚至同样的操作系统，由于不同 OEM 对其安全加固程度不同，也呈现出不同的安全特性。具体分类和安全隐患描述如下：

(1) Windows Phone 7 平台。

Windows Phone 7 没有继承 Windows Mobile 的开放性，反而学习了 iPhone 的封闭性。在 Windows Phone 7 中，应用程序商店 Marketplace 将会是 Windows Phone 7 移动终端安装应用程序的唯一方式，不支持通过其他方式来安装程序包。这将在一定程度上杜绝盗版软件，吸引开发者。Windows Phone 7 的应用程序模型目前主要支持第三方应用在前台执行，不完全支持后台应用，这样能够在一定程度上降低系统风险。从 API 开发层面来说，Windows Phone 7 缺省没有读取通话记录、短信等的 API，保护了用户的隐私。另外发短信、打电话也需要用户确认，防止了恶意扣费。Windows Phone 7 没有提供直接操作这些 SMS、Phone、E-mail、Camera 的 API，但可以通过 Task 来调用系统的任务来完成。

(2) iPhone 平台。

iPhone 从一开始就是完全封闭的，封闭有利有弊，对安全却是有好处的。比如，iPhone 缺省没有读取通话记录、短信等的 API，这保护了用户的隐私；调用显示用户位置信息的 API 也会弹出提示信息。另外，iPhone 也不允许使用 API 直接发短信和打电话，都需要用户确认，这样间接减少了恶意订购和恶意话费的风险。

(3) Android 平台。

Android 则把决定权交给了用户，由用户决定一个程序是否可以直接发短信。Android 要求开发者在使用 API 时进行申明，称为 permission。这样对一些敏感 API 的使用在安装时就可以给用户风险提示，由用户确定是否安装。Android 平台是开放的，软件没有经过审核，可能会隐藏风险。

(4) Symbian 平台。

Symbian 接口比较开放，只要申请到对应的能力，就可以做对应的事情。通常程序发短信、窃听账户都很容易在 Symbian 平台上实现，无需高能力。 代码签名是 Symbian 平台的核心所在，不同的签名赋予不同的能力。数字签名主要有自签名（Self Signed)、认证签名（Certified Signed)、快速签名（Express Signed）以及开发商签名（如 Symbian Sign for Nokia）4 种方式。Symbian 系统如果申请到高权限，就具备高能力，具备了设备制造商能力就可以干任何事情。

(5) OPhone 平台的安全之路。

OPhone 系统在不断演进过程中，也不断发掘用户的安全需求。如为了解决恶意订购、用户隐私泄露的问题。在 OPhone OS 2.6 中，对新应用安装过程及敏感 API 访问过程进行动态监控，提示用户潜在的风险，允许用户对应用的访问权限进行限制，避免了恶意软件后台发扣费短信、窃取用户通讯录等行为。OPhone OS 2.6 还支持应用程序访问权限的细粒度控制技术。

5.3.2 移动智能终端面临的信息安全形势

伴随着移动互联网的发展，智能终端的使用数量得到急剧增加，功能性能也得到日益增强，其不仅推动移动互联网的发展和相关业务的普及，同时也成为人们日常生活不可或缺的用品。但与此同时，由于智能终端本身的开放性、移动性和灵活性，智能终端的广泛应用也可能给终端用户、通信网络，乃至国家安全和社会稳定在信息安全方面造成一定影响，成为阻碍移动互联网健康发展的绊脚石。

目前智能终端对用户利益造成的安全影响有：(1) 已经发现了恶意代码导致智能终端上隐私信息被窃取、智能终端系统遭破坏，以及智能终端攻击通信网络等恶意行为；(2) 已经发生多起短信吸费和流量吸费现象，用户在使用智能终端时候在不知情的情况下被自动扣除一定数额话费，遭受到经济损失。

目前智能终端对社会稳定造成的安全威胁有：(1) 部分智能终端已经被用作非法信息的传播平台；(2) 部分智能终端采用非法加密压缩手段逃避监管部门审查，同时，借助智能终端一些翻墙、穿墙软件可以访问境外非法内容。

5.3.3 智能终端面临安全问题的根源

在业务应用层面，智能终端的生态链通常包括智能终端、应用商店和应用服务器，其信息安全问题的根源也来自于以上三个环节。一方面，智能终端存在的安全隐患远大于传统移动终端。(1) 任何智能终端操作系统都存在漏洞，使木马、蠕虫等恶意代码的存在成为可能，可能造成用户隐私窃取、终端功能破坏、通信网络攻击等安全事件。(2) 智能终端采用开放的操作系统及软件平台架构，为开发者提供开放 API 接口及开放的开发平台，可能会被不法分子用来开发恶意代码软件。(3) 绝大多数操作系统提供商以系统维护为借口，给自己预留了非公开 API，由此带来恶意后门的隐患，给用户安全带来巨大挑战。(4) 智能终端很容易被终端厂商、操作系统提供商和软件开发商预置 SP 代码、SP 服务链接或 SP 客户端进行恶意吸费，损害用户经济利益。(5) 由于智能终端的个性化属性和日趋增强的处理能力，智能终端中存储了包括通讯录、短消息、通话记录、信息卡信息等大量重要用户信息，任何安全问题都会对用户的工作和生活产生巨大的影响。另一方面，由于终端制造与网络服务一体化模式的出现，智能终端与应用商店和应用服务器紧密结合，成为各种应用软件及数字内容的承载平台和传播渠道，可能被不法分子用来传播反动违法内容；智能终端上的微博、即时消息等新应用具有传播速度快、范围广的特点，可能被不法分子利用进行非法群体活动。这些都给国家安全和社会稳定带来了巨大挑战。

总体来说，智能终端的信息安全问题和计算机面临的安全问题类似。但不同的是，对于计算机，只有接入互联网才可能受到病毒攻击，并且可以通过重装操作系统方式来进行处理，而智能终端时刻与移动网络相连，并且其操作系统并不能像计算机一样随时安装，一旦安全事件爆发，其危害性将远远大于计算机。

5.3.4 移动终端安全发展趋势和解决思路

移动终端恶意软件的行为分为下列几类：

（1）联网、发短信（恶意订购）。

（2）获取本地信息：如通讯录、通话记录、短信内容、本地文件、地理位置等信息。

（3）窃取账户：盗号软件。

（4）消耗资源类：如不断地寻找蓝牙设备去传播恶意软件。

（5）破坏类：删除本地文件、通讯录、恢复出厂设置。如破坏 SD 卡上安装的应用程序，将导致应用无法启动。

（6）卸载安全软件、自启动、难删除、隐藏。

从长期来看，（4）、（5）两项会逐渐减少，毕竟是损人不利己的事情，以前很多人出于恶作剧才做了这样的恶意软件。以后最主要的移动终端恶意软件就是（1）、（2）、（3）三项。那么（6）就是移动终端恶意软件制作者和杀毒厂商的战线，他们需要提高各自的战斗力，相互博弈，防止被对方消灭。这也是杀毒厂商的主要的工作之一。

智能终端面临的风险和 PC 非常类似，主要的不同就是恶意订购。针对恶意订购，运营商建立了增值服务提供商（SP）黑名单监控管理制度。对于违规操作的 SP 进行记录备案，加大监控力度，从根源进行遏制。电信运营商已经进行了多次的大力整顿，效果明显。另外一个有效的方法就是增加订购验证机制，订购时可以给用户返回认证码。

关于其他风险的解决思路，手机解决思路和 PC 的解决思路也非常类似。那就是杀毒软件作为辅助，敏感的业务如支付业务需要构建自身的安全机制。比如在 PC 平台，各商业银行和腾讯、盛大、支付宝等机构，为了应对各种键盘窃取和信息篡改的手段，纷纷提出了保障方案，主要包括 USB Key、动态口令卡、安全控件、动态软键盘等。同样的思路可以复制到手机上，目前针对手机安全支付市场上已有一些产品，如动态口令卡以及安全 SD 卡等。

5.4 移动应用软件安全

在前进的道路上，风险是不可避免的，多一条可供选择的道路，就会多增加一份风险系数。在计算机技术飞速发展的今天，我们不可避免地会面临降低风险还是躲避风险两种选择。将必要风险降低是提高系统安全性的最重要和最积极的方法，所以，必须从软件研发的开始阶段到项目最终评估受审阶段，始终以安全完整性为目标，使系统满足必须实现的功能达到或维持安全状态所必需的安全功能。

5.4.1 移动应用规模与应用深度

应用程序（App）是目前智能终端移动上网的主要方式和主导平台。2012 年，我国应用程序下载数量仅次于美国，位居全球第二，91 手机助手、移动 MM、百度移动等应用平台与分发渠道规模领先。App 的总使用频率比 2011 年增长了 16 倍，总使用时长增长了 12 倍，移动数据流量增长超过 100%，用户对移动应用的依赖度大幅提升。全国 iOS 活跃用户已达8500万个，Android活跃用户达1.6亿个，苹果和安卓设备组成的高端智能机用户成为中国价值最高的用户群体。

各类地理位置服务、社交网络、移动搜索、移动商务、移动支付、移动电邮、移动视频、情景感知（Context-aware）服务、移动即时通信、目标识别服务等应用使用率不断上升，搜索、微博、微信、电商等手机应用增幅较大，一些用户黏性高，使用时间长的视频、商务类应用被广泛看好。

5.4.2 移动应用的安全体系结构

现今，软件安全性已成为一个越来越不容忽视的问题，提起它，人们往往会想起一连串专业性名词：系统安全性参数、软件事故率、软件安全可靠度、软件安全性指标，等等，几乎每一个程序都或多或少存在程序错误（Bug），影响用户的正常使用。安全性是软件一个重要的组成部分。

移动应用的安全体系结构是保证移动应用中数据安全的一个完整的逻辑结构，由网络服务层、加密技术层、安全认证层、安全协议层、应用系统层5个部分组成，如图5.1所示。

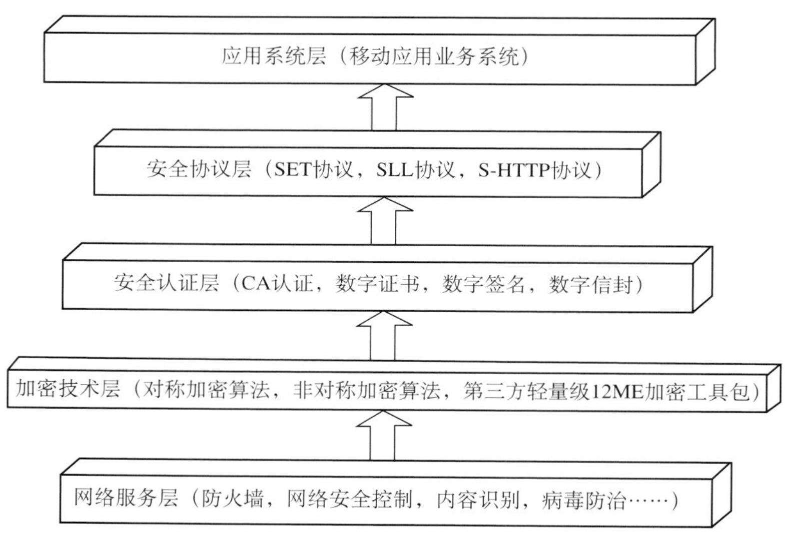

图5.1 移动应用的安全体系结构

5.4.3 做好软件安全的步骤

（1）做好软件需求安全性分析——对分配给软件的系统级安全性需求进行分析。规定软件的安全性需求，保证规定必要的软件安全功能和软件安全完整性。

（2）做好软件结构设计安全性分析——评价结构设计的安全性，以保证软件安全功能的完整性。从安全角度讲，软件结构设计是制定软件基本安全性策略的阶段，因为这一阶段负责定义主要软件部件，以及它们如何交互，如何获得所要求的属性，特别是安全完整性，是软件安全性需求在结构定义中实现的阶段。对结构设计进行安全性分析要做到将全部软件安全性需求综合到软件的体系结构设计中，确定结构中与安全性相关的部分，并评价结构设计的安全性。

（3）做好软件编程安全性分析——选择合适的编程语言。任何一种编程语言，无论在其定义还是在其实现中，都有其不安全性。但程序员并不完全清楚，容易使程序员盲目轻信，如有的语言对运算符优先级的规则要求不严格，未初始化的变量不测试等。而对这些“非精准”定义，一些领域的编程语言又缺乏相应解释，什么是最佳语言需要针对具体项目而定。

如果某种语言有精确的定义（也有完备的功能性），从逻辑上说是清晰的，有易管理的规模和复杂度，那么就认为这个语言适用于安全相关性软件。使用编程语言时，也应该针对该语言的特点，努力满足安全性要求。

如果一种编程经验或编程风格因为能够提高软件安全性而被公认为专用性编码标准，可以选择这样一种编码标准来约束对不安全语言的使用。编码标准对程序员的编程修养和对语言正确使用是有指导意义的。MISRA 协会在 1994 年发布了它的软件开发指南，在其中特别指出了为考虑安全集成度而做出的语言、编译器和语言特性的选择。MISRA 要求使用“标准化结构化语言的受限子集”，其对语言检查的严格性已经使该规范应用在一些安全要求很高的系统相关代码上。

（4）做好软件详细设计安全性分析——设计实现是否符合安全性要求。软件详细设计进一步细化高层的体系结构设计，将软件结构中的主要部件划分为能独立编码、编译和测试的软件单元，并进行软件单元的设计。

在这一阶段中，需要依据软件需求、结构设计描述、软件集成测试计划和之前所获得的软件安全性分析的结果，对软件的设计和实现阶段是否符合软件安全性需求进行验证。

相关软件单元应进一步细化设计以便于编码。所以，我们应该分析：

①软件详细设计是否能追溯到软件需求；

②软件详细设计是否已覆盖了软件安全性需求；

③软件详细设计是否与软件结构设计保持了外部一致性；

④软件详细设计是否满足模块化、可验性、易安全修改的要求。

软件详细设计是直接关系到编码的关键一环，软件详细设计安全性分析更相关整个软件的安全性。可以提高软件安全性的手段和技术包括设计逻辑分析、设计约束分析和复杂性度量。

①设计逻辑分析：评价软件设计的方程式、算法和逻辑，可以包括失效检测 / 诊断、冗余管理、变量报警和禁止命名逻辑的检测。

②设计约束分析：给出一些约束，来评价软件在这些约束下运行的能力。比如：物理时间约束和响应时间对软件性能的检查。

③复杂性度量：高度复杂的数据结构难以彻底测试，可以采用 McCabe 或 Halstead 等这样一些复杂性评估技术来标示出需要进一步改进的区域，等等。

（5）做好软件编码安全性分析——完成安全相关软件的编码活动。软件编码完成软件详细设计的实现。所以，代码应该体现软件详细设计所提出的设计要求，实现设计过程中开发的安全性设计特征和方法，遵循设计过程中提出的各种约束以及编码标准。

一般采用代码反查或采用静态检查工具来检查源代码，依照软件编码安全性分析对代码的要求，应该主要从以下几个方面入手：

①分析软件代码是否能追溯到需求；

②分析软件代码是否符合支持工具和编程语言分析；

③分析软件代码是否满足模块化、可验证、易安全修改的要求；

④分析软件编码中所使用技术的安全性和方法的合理性。

下面列出一些可用于提高代码安全性的相关技术。

①代码逻辑分析：如有不可达代码，或代码结构过于复杂，维护性降低。通过实施逻辑重构、方程式重构和存储器解码来进行。

②代码数据分析：关注如何定义和组织数据项。变量忘记赋初值，或变量声明了却没有使用，或出现了冗余代码。

③复杂性度量：复杂软件不稳定，也经不起不可预测的行为。所以，应努力使软件的复杂度变小。如果有条件采用某种自动化工具，可以通过工具对软件设计或/和代码进行控制，用图形化的方法反映出软件结构中的控制流和数据流，通过连接数（调用数）、节点数、嵌套深度等这样一些结构关系的检查，获得复杂度的度量，将会获得很好的效果。

（6）软件测试安全性分析——保证软件安全性。软件测试作为验证软件功能性和安全性的重要手段，其采用的测试方法和测试技术也完全关系着测试结果的准确性，关系着后续软件的变更和测试的有效性。

（7）做好软件变更安全性分析——应对可能出现的软件变更。在执行任何软件变更之前，应建立软件变更规程。如果必须进行软件变更，则应该对已经受控的规格说明、需求、设计、编码、计划、规程、系统、环境、用户文档的任何变更都进行安全性分析。

软件变更安全性分析一般根据变更的原因、变更影响、变更可能会导致的结果将这项任务安排为三个阶段。

5.4.4 运用软件测试提高软件安全性

美国一家公司的统计表明，在查找出的软件错误当中，属于需求分析和软件设计的错误约占64%，属于程序编写和其他原因的错误占36%。由于一部分错误很可能因为复审过程中没有被发现而转入下一个阶段，导致在错误的基础上产生了更多的错误，形成错误的“放大效应”。事实上，开发工作中的每一个环节都可能出现问题，那些没发现或已“放大”的错误修复成本都是非常高的。所以，测试这种专门针对软件错误的技术渐渐被人们重视，它已成为保证软件安全性的一项重要手段。现今，测试投入也在整个开发投入中占了很大比重。

在主动发现方面，最基本和最主要的是要采取静态分析技术和功能测试两种方式拦截系统开发时存在的漏洞。

（1）静态分析技术：其基本特征是不执行被测试软件，而对需求分析说明书、软件设计说明书、源程序作结构检查、流图分析等找出软件错误。

这里，需求和设计追溯和确认是验证测试的前提，可以利用一些自动化工具画出功能需求的相关关系图，以及一些系统结构的UML图，能够使测试人员与开发人员保持一致的设计思路。

源程序的结构检查和流图分析一般是测试人员代码审查时的重要工作，对于查出前期的软件错误非常有效，现在很多开发单位都采用自动化测试取代了冗长的代码审查会议，提升了测试的效率和准确度。比较著名的工具有英国 PRQA 公司的产品，它对检查一些代码逻辑错误、无法执行到的代码段和违反通用编程规范的行为非常有效。

（2）功能测试：功能测试是动态测试的一种方式，验证的是软件的功能实现。比如在网络信息系统进行自身安全建设时，在软件设计和开发过程中增加一些必要的安全防护措施，如权限管理模块、数据恢复功能，等等，就会通过功能验证来检查是否达到了没有安全疏漏的要求。

总之，软件安全性测试是要将软件测试人员放置在一个相对主动的位置上，能够尽力避免被动发现系统漏洞。

6　移动应用软件

近几年来，前所未有的移动应用革命已经兴起，我们逐渐跨入了智能移动时代，相关技术爆炸式发展，正在潜移默化地改变着人们工作和生活。移动应用已经成为信息产业新的增长点。在这种大环境下，如何顺应移动潮流，将这些技术转化为生产力，下载或开发出适合于组织和个人使用的移动应用软件，是本章探讨的内容。

6.1　概述

6.1.1　定义

移动应用软件指安装在移动智能终端上的 App 应用程序。可从 App 商店等处下载，App 商店目前主要有 Apple 的 iTunes 商店、Android 的 Android Market、BlackBerry 用户的 BlackBerry App World 以及微软的应用商城。App 格式主要有苹果 iOS 的 .ipa、.pxl、.deb，以及 Android 的 .apk，Windows Phone 的 .xap 等。

6.1.2　分类

用户常用的手机应用软件一般可分为社交应用、地图导航和网购支付等 11 大类，如表 6.1 所示。

表 6.1　App 移动应用分类

分类	应　　用
社交应用	微信、新浪微博、QQ 空间、人人网、开心网、腾讯微博、米聊、facebook、陌陌、朋友网、在身边、世纪佳缘、weico、遇见、YY 语音、连我、KK 觅友、飞聊
地图导航	Google 地图、导航犬、凯立德手机导航、百度地图、悠悠手机导航、SOSO 地图、天翼导航、中国移动手机导航、老虎宝典、图吧导航、高德地图、8684 公交地铁、搜狗地图、谷歌街景、坐车网
网购支付	淘宝、天猫、京东商城、大众点评、淘打折、团购大全、拉手团购、美丽说、豆角优惠、蘑菇街、美团、掌上亚马逊、当当网、苏宁易购、支付宝
生活消费	去哪儿旅行、携程无线、114 商旅、百度旅游、穷游锦囊、大众点评、布丁优惠券（布丁系列）、食神摇摇、58 同城、赶集网、百姓网、号百餐厅
通话通信	手机 QQ、Youni 短信、飞信、QQ 通讯录、YY 语音、QQ 同步助手、通通免费电话、来电通、掌上宝、旺信、阿里旺旺、阿里通网络电话、掌上免费电话、云呼免费网络电话、UU 电话、QT 语音
查询工具	墨迹天气、我查查、快拍二维码、盛名列车时刻表、航班管家
拍摄美化	美图秀秀、快图浏览、3D 全景照相机、百度魔图、美人相机、魔屏漫画、照片大头贴、PhotoWarp、GIF 快手、多棱相机
影音播放	酷狗音乐、酷我音乐、奇艺影视、多米音乐、手机电视、PPTV、优酷、快播、QQ 音乐、暴风影音
图书阅读	91 熊猫看书、iReader、Adobe 阅读器、云中书城、懒人看书、书旗免费小说、QQ 阅读、手机阅读、百阅、开卷有益

续表

分类	应　用
浏览器	UC 浏览器、QQ 浏览器、ES 文件浏览器、海豚浏览器、天天浏览器、傲游浏览器、百度浏览器、欧朋浏览器
新闻资讯	搜狐新闻、VIVA 畅读、网易新闻、鲜果联播、掌中新浪、中关村在线、蜜蜂新闻、ZAKER

（1）社交应用类软件介绍见表 6.2。

表 6.2　社交应用类软件

应用名称	软件介绍
微　信	微信是一款手机通信软件，支持通过手机网络发送语音短信、视频、图片和文字，支持视频聊天，还能根据地理位置找到附近的人，以及通过朋友圈分享自己的生活
新浪微博	轻松更新浏览您关注的好友、娱乐明星、专家发布的最新微博；随时随地分享照片、文字、地点或转发有趣的内容给好友；通过私信与好友和粉丝进行语音聊天，私密分享图片和地理位置
QQ 空间	QQ 空间是中国最大的社交网络，是 QQ 用户的移动家园。可以用手机查看好友动态、与好友互动，上传照片、写说说、写日志、签到、送礼；更有丰富的在线游戏
人人网	人人是一个真实的社交网络，可以将充满激情与梦想的正能量传递给好友！即刻起，发送最真实的声音，让它在世界回放
开心网	开心网是中国最大的社区网站。通过开心网手机客户端，可以随时记录生活点滴、分享照片、签到并看看周边的朋友在干什么，与朋友保持更紧密的联系
遇　见	无论在世界的哪个角落，只要有遇见，就能通过你的位置，将身边的陌生人不断地聚拢，真心地遇见
米　聊	附近的人，随时看看都有谁在你身边。握手，摇一下，就能帮你找到朋友
陌　陌	陌陌是一款基于地理位置的移动社交应用，在上面可以发现身边的陌生人或者朋友，创建或加入附近各种好玩的群组，免费发送语音、信息、图片、地图位置，方便人与人之间更便捷和及时的联系
世纪佳缘	交友客户端，高效时尚，位置交友、距离搜索、随时随地助你交友觅缘！线下服务世纪佳缘网站现有四千多万注册会员，数百万人已经成功觅缘

（2）地图导航类软件介绍见表 6.3。

表 6.3　地图导航软件介绍

应用名称	软件介绍
Google 地图	Google 地图是 Google 公司提供的电子地图服务，提供含有行政区和交通以及商业信息的矢量地图、不同分辨率的卫星照片和可以用来显示地形和等高线地形视图
高德地图	高德地图是国内一款在线导航产品，提供美食、汽车、购物、电子眼、一键通、声控导航、云端有储等服务，具有丰富的出行查询功能
百度地图	在线地图查询软件，提供优化的导航功能、定位功能、优化路线算法、改进实时路况等
图吧导航	身边团购、公交、景点海量信息，查实时路况、知天气；语音导航，电子眼播报，超省流量
凯立德手机导航	凯立德手机导航继承了凯立德一贯专业级的导航性能，同时针对手机产品的通信功能、操作方式、存储容量等特性专门进行了优化开发，是目前市场上最专业的手机导航软件
导航犬	基于位置的在线式 LBS 信息服务系统，为用户提供从当前位置到目的地的实时语音图像导航服务；全面突破传统导航的局限，采用网络服务器即时规划，紧扣手机应用需“随身、互动、娱乐”的特点，将手机的电话、短信等功能完美集成，倡导“GPS 在线式服务 = 完美的 LBS 体验”理念

续表

应用名称	软件介绍
搜狗地图	支持在线方式浏览地图，贴心过路费、打车费、摄像头提醒；仿真三维、高清卫片任意切换
SOSO 地图	支持离线和在线方式浏览地图，可按城市下载离线数据。实时定位，支持 GPS、Wi-Fi 等多种方式快速定位，随时查看方向，不用再担心迷路
天翼导航	天翼导航通过快捷简便的操作界面，丰富的城市导航地图，真人实时语音播报为展示平台，为用户提供舒适便捷的全程驾驶导航功能

（3）网购支付类软件介绍见表 6.4。

表 6.4　网购支付软件

应用名称	软件介绍
淘　宝	淘宝客户端依托淘宝网强大的自身优势，整合了淘宝、聚划算团购、天猫（淘宝商城）等重点市场，帮助千万用户实现随时随地快捷购物
支付宝	支付宝手机客户端是支付宝官方推出的集手机支付和生活应用为一体的手机软件，通过加密传输、手机认证等安全保障体系，让您随时随地使用淘宝交易付款、手机充值、转账、信用卡还款、买彩票、水电煤缴费等功能
大众点评	随时随地查找美食、休闲娱乐、酒店等各种商家；GPS 定位自动搜索周边各类商户，省时省力；提供商户电话、地址地图、客观点评等全面信息
京东商城	基于 Android 平台的网络购物软件，不仅具有下单、查询订单、搜索商品、晒单、产品评价等常用功能，还实现了手机版特有的“条码购”、“轻松购”、“订单提醒”等特色功能
淘打折	淘打折手机商城中有上百款商品、种类丰富，让用户随时随地进行购物，每日最新的折扣信息，等待用户去抢购；同时为用户提供商品浏览、购买、分享等功能
美团	美团团购是美团网精心打造的手机客户端，简单顺畅的操作体验让手机用户随时随地享受便捷的团购服务，更有手机用户专享的秒杀活动等着您
团购大全	为手机用户推出的免费团购导航应用，具有团购信息分类浏览、搜索、查找附近团购等贴心功能，还支持手机快捷购买团购，为您带来方便贴心的团购体验
拉手团购	拉手团购每天推出精品团购，并且直接购买，成功消费后还会获得拉手网额外赠送的返利，您还可以在用户中心方便地管理拉手券和订单

（4）生活消费类软件介绍见表 6.5。

表 6.5　生活消费类软件

应用名称	软件介绍
去哪儿旅行	特价机票酒店在线预订、飞机起落状态一览无遗、机票价格趋势实时查看，旅游出行好帮手
携程无线	提供酒店、机票、火车票（高铁，动车票）的查询、预订，以及实用的火车时刻表查询服务：提供国内各大城市旅游景点的当地游、租车服务，以及热门演出票和景点门票的查询、预订
百度旅游	百度旅游集合全球上万个目的地景点攻略指南，提供最新最全的实用的实用攻略。同时还可以记录行程见闻，生成自己的旅行纪念册
食神摇摇	长期稳居 App Store 美食榜第一名，中国首创的个性化餐厅推荐引擎，摇一摇即可精准推荐美食！

续表

应用名称	软件介绍
布丁优惠券（布丁系列）	麦当劳、肯德基等多家知名快餐店优惠券大全！去麦当劳再也不用打印纸质优惠券了！出示手机即可使用，cool！同时提供肯德基、永和大王、和合谷、DQ、必胜客、呷哺呷哺、真功夫、汉堡王、吉野家、比格、棒！约翰、豆捞坊、Mr. Pizza 等多款人气品牌优惠，全国不限地区使用，随时随地享受优惠乐趣
114 商旅	114 商旅由号百商旅电子商务有限公司出品，可以实时查询并在线预订全国机票、酒店，同时免费提供航班定制服务，可查询列车、巴士信息，是您商旅出差、旅游交通的好帮手
58 同城	58 同城客户端，有真实的房产、招聘和二手车信息，有经济实惠的团购和二手物品，能找到搬家、维修、家政、保洁、宠物、交友、找工作、培训教育、饮食娱乐、拼车、租车、二手手机、家具维修、商街、鲜花、旅游出行、酒店预订、电影票外卖、唱歌 KTV 优惠，免费折扣等生活服务信息
赶集网	赶集生活客户端，是为手机用户精心打造的一款免费生活服务软件。使用赶集生活客户端，可轻松发布和浏览全国 300 多个城市的服务信息。集生活客户端同时拥有精准的 GPS 定位，周围服务信息可一网打尽；还有快速收藏功能、一键拨号功能

（5）通话通信类软件介绍见表 6.6。

表 6.6　通话通信类软件

应用名称	软件介绍
手机 QQ	手机 QQ2012（Android）是腾讯公司推出的全新架构的富媒体即时通信社交软件，引领亿万用户体验时尚便捷的移动互联网生活
Youni 短信	盛大 Youni 短信是一款可以完全替代系统短信的免费互联网短信工具，Youni 短信用户通过互联网短信通道免费收发消息、图片、语音和视频等信息
飞　信	飞信是中国移动的综合通信服务，即融合语音（IVR）、GPRS、短信等多种通信方式，实现互联网和移动网间的无缝通信服务
QQ 通讯录	QQ 通讯录是一款通讯录与即时聊天完美融合的通信软件，它不仅提供打电话、发短信、联系人智能搜索、归属地显示、联系人同步等便捷通讯录功能，启用通讯录账号后，还支持多人群聊、发图、语音聊天等功能
QQ 同步助手	安全、免费的个人手机数据的备份管理服务软件。该软件通过本地或是无线网络操作备份手机中的资料，然后可以通过手机上网等方式进行搜索、管理、分享这些信息
通通免费电话	由盛大网络推出，基于通讯录的多人语音通话软件，它不仅提供通讯录的全部功能，还支持免费多人语音通话功能
来电通	来电通是一款手机通信管理软件，具有精准云拦截骚扰诈骗电话及垃圾短信、显示来电及短信号码归属地、流量监控等多种通信管理功能

（6）查询工具类软件介绍见表 6.7。

表 6.7　查询工具类软件

应用名称	软件介绍
墨迹天气	一款免费天气信息查询软件，人性化设计，使用简单，是中国支持城市数量最多的手机天气预报软件
我查查	我查查是一款基于图形传感器和移动互联网的商品条形码比价的生活实用类手机应用。手机用户使用时通过手机摄像头对准商品条形码，运行扫描后软件能自动识别读取，快速获取各大超市和网上商城的同一商品的价格、数量等

续表

应用名称	软件介绍
快拍二维码	快拍二维码是一款手机二维码和一维码扫码解码软件，通过调用手机镜头的照相功能，用软件快速扫描识别出一维码和二维码内的信息
盛名列车时刻表	查询全国铁路时刻表的共享软件，是同类软件中最专业的一款铁路时刻表软件
航班管家	简单快速查询航班、订购机票；实时了解航班起降信息；随时分享信息给亲友；获取机场交通餐饮购物等详情；预订鲜花以及鲜花接机的贵宾服务

（7）拍摄美化类软件介绍见表 6.8。

表 6.8　拍摄美化类软件

应用名称	软件介绍
美图秀秀	美图秀秀是一款很好用的免费图片处理软件。独有的图片特效、美容、拼图、场景、边框、饰品等功能，加上每天更新的精选素材，可以 1min 做出影楼级照片，还能一键分享到新浪微博、人人网
快图浏览	基于文件夹模式的轻量级图片浏览器。提供快速且清晰的缩略图预览，以及流畅的 2D 浏览体验：单指平移、轻触切换视图、双指缩放、滑动切换图片、幻灯片播放以及播放动态 GIF 图片等功能
3D 全景照相机	能够利用手机的重力感应器获取照片的成像角度，然后将各个方向的照片合成 3D 全景照。支持自动拍照模式和手动拍照模式
百度魔图	百度魔图是一款好玩易用的掌上美图工具，它致力于提供手机上图片拍摄、美化、分享和云端相册的一站式图片服务
美人相机	“POCO 美人相机”是由中国最大图片分享社区 POCO.CN 针对女生推出的手机拍照工具
魔屏漫画	卓越的漫画阅读客户端软件，拥有随心所欲的阅读方式和海量的漫画资源，知名漫画作品及时追新，热门漫画杂志在线销售，华语地区漫画爱好者在线交流
照片大头贴	一款可爱的精简版照片编辑应用软件，可以美化照片，把照片装饰得更可爱。内含 300 多种图章、相框

（8）影音播放类软件介绍见表 6.9。

表 6.9　影音播放类软件

应用名称	软件介绍
酷狗音乐	有强大的音乐搜索，高速下载，海量曲库，专业的解码技术，让您随时享受完美的音乐体验
酷我音乐	酷我音乐盒是一款融歌曲和 MV 搜索、在线播放、同步歌词为一体的音乐聚合播放器，功能包含一键即播，海量的歌词库支持，图片欣赏，同步歌词等
奇艺影视	奇艺影音（奇艺播放器）是一款专注视频播放的客户端软件，借助奇艺影音，您可以在线享受奇艺网站内全部高清视频
多米音乐	多米音乐是一款集本地音乐播放、在线音乐播放、歌曲搜索、歌曲下载、分享音乐到新浪微博等多功能于一体的完全免费的手机音乐软件。支持多种音乐格式播放，完美的播放音质、华丽的界面、简洁的操作、个性化的元素以及多米首创的与电脑端多米同步歌曲列表的功能
手机电视	手机电视（Mobile TV）是利用具有操作系统和流媒体视频功能的智能手机以及现在支持 HTTP 或者 RTSP 的非智能手机都能观看电视的业务
PPTV	PPTV 看电影、电视剧，最高人气视频软件。全面支持 iPad、iPhone、Android。在线视频内容超 30000 部影视资源，集视频网站优势于一身，涵盖最新高清国产热播剧、美剧、日剧、韩剧、英剧、泰剧、动漫，每日准时更新。支持手机视频下载，离线观看

续表

应用名称	软件介绍
优酷	优酷-电影、电视剧、动漫、音乐、新闻、娱乐、高清海量影视视频在线观看和下载，专为Android手机订制的视频娱乐客户端产品，为用户提供流畅便捷的手机视频在线、离线播放体验
快播	快播移动端实现了对PC端技术的完美移植，是集全能播放、万能解码、高清流畅、极速播放为一体的掌上移动高清影院

（9）图书阅读类软件介绍见表6.10。

表6.10 图书阅读类软件

应用名称	软件介绍
91熊猫看书	网龙公司自主研发并出品的一款深受用户好评的全能免费阅读软件。熊猫看书具备丰富的阅读资源，成为多家出版社、文学网、原创小说网指定的手机发行唯一合作伙伴，每周有超过200家出版社、企业和个人向熊猫看书上千万的用户提供大量免费或收费的新闻、杂志、图书、小说与漫画
iReader	iReader是掌阅科技旗下的一款Android平台的读书软件，支持TXT、UMD、CHM、HTML/HTM、PDB、EBK2、EPUB等多种手机阅读格式的电子书阅读软件
Adobe阅读器	美国Adobe公司开发的一款优秀的PDF文件阅读软件。文档的撰写者可以向任何人分发自己制作（通过Adobe Acobat制作）的PDF文档而不用担心被恶意篡改
云中书城	云中书城的内容来源分为两部分：一是盛大文学旗下网站拥有的版权作品；二是传统出版商、杂志社、报社等提供的版权作品。目前，云中书城的内容主要来自盛大文学旗下网站
懒人听书	一种可以听的图书平台，懒人听书拥有英语学习、有声小说、评书、相声、百家讲坛、少儿读物等大量有声资源免费收听，一次下载处处收听，既可辅助学习，又可陶冶情操，消遣休闲
书旗免费小说	以免费小说书旗网为基础的安卓在线阅读器，除了拥有传统阅读器的书籍同步阅读、全自动书签、自动保存阅读历史、点击翻页、全屏文字搜索定位、自动预读、同步更新等功能外，更有离线书包、增强书签以及资讯论坛等扩展内容，使阅读更丰富更自由
QQ阅读	手机QQ阅读Android版是腾讯公司推出的一款手机看书软件，提供了轻松舒适的图书阅读体验，内嵌QQ书城，舒适读书，方便找书
手机阅读	手机阅读客户端是中国移动手机阅读基地设计开发的一款集图书、杂志、漫画、听书于一体的阅读类手机终端软件

（10）浏览器类软件介绍见表6.11。

表6.11 浏览器类软件

应用名称	软件介绍
UC浏览器	一款把“互联网装入口袋”的主流手机浏览器，由优视科技公司研制开发。兼备CMNET、CMWAP等联网方式，速度快而稳定，具有视频播放、网站导航、搜索、下载、个人数据管理等功能，助您畅游网络世界
QQ浏览器	由腾讯公司研发的免费手机浏览器。软件体积小，上网速度快，并且一直致力于优化和提升手机上网体验。通过多项领先技术，让手机上网的浏览效果更佳，流量费用更少，在手机获得最佳的上网体验
ES文件浏览器	一款多功能的手机文件/程序/进程管理器，可以在手机、电脑、远程和蓝牙间浏览管理文件。是一个功能强大的免费的本地和网络文件管理器和应用程序管理器

续表

应用名称	软件介绍
海豚浏览器	由百纳信息公司于2010年推出的一款专为智能手机上网设计的手机浏览器。海豚浏览器基于WebKit内核，对各种PC网站以及手机网站都尽量给予PC端浏览般的支持，让用户在手机上网的同时，享受到和PC上一致的上网体验
天天浏览器	一款适用于智能手机和移动智能终端的全功能浏览器，是移动互联网时代手机快速上网的必备工具。天天浏览器的内核强大，扩展功能多，具有极速、流畅、安全、丰富的特点
傲游浏览器	傲游云浏览器来自中国最专业的浏览器研发团队——傲游，适用于Android系统，能够快速、稳定地显示完整网页，并拥有网络收藏、桌面Rss阅读器部件、手势操作、多标签浏览、个性起始页、下载管理器等多种简单实用功能
百度浏览器	全新聚合阅读板块，新增便捷轻松的手势操作和智能预读，手机上网更简单，支持百度知道、贴吧、消息及时提醒，让用户体验更佳
欧朋浏览器	欧朋浏览器是面向Android智能手机和平板电脑等移动设备推出的新一代全能浏览器，具有真正的独立内核，页面和PC端显示完全一致，支持Flash音频、视频

（11）新闻资讯类软件介绍见表6.12。

表6.12　新闻资讯类软件

应用名称	软件介绍
搜狐新闻	搜狐新闻客户端是搜狐公司出品的一款为智能手机用户量身打造的“订阅平台+实时新闻”阅读应用，是全国首个提出个性化阅读服务的新闻客户端
VIVA畅读	VIVA畅读为读者带来一流的电子阅读体验。读者可以通过此应用免费阅读大量来自中国大陆的期刊和漫画。用户可以选择在线浏览和下载离线阅读两种方式
网易新闻	提供极具网易特色的新闻阅读、跟帖盖楼、图片浏览、话题投票、要闻推送、离线阅读、流量提醒等功能，实现比电脑上看新闻更方便的优异体验
鲜果联播	鲜果联播是一款免费的资讯阅读软件，由国内著名的在线订阅服务商——鲜果网推出。它收录了近400家主流报、鲜果联播纸、杂志和新闻、资讯网站和数百万RSS订阅源
掌中新浪	SINAGO是被优化的后的手机新浪网，使对信息的访问更便捷、有趣，并且所有服务均为免费。目前中国移动用户还可通过SINAGO发送免费短信，可提供移动智能终端用户更优质的资讯阅读体验，接收、阅读并回复电子邮件
中关村在线	中关村在线是针对Android用户推出的一款集实时报价、IT资讯新闻、IT数码论坛、产品点评等功能为一体的应用。这是IT垂直媒体在移动互联网领域的第一款应用
蜜蜂新闻	蜜蜂新闻为您全新打造高品质、全方位的信息聚合门户，上千个信息源每天上万条内容实时供您阅读，海量内容随意收藏，支持离线下载、内容高度压缩更快更流量
ZAKER	ZAKER（扎客）是一款互动分享和个性化定制的阅读软件，具有强大的互动分享功能。用户看到的文章或图片均可通过微博、邮件等多种方式评论分享出去

6.2 开发

6.2.1 开发模式

6.2.1.1 Native App 与 Web App 之争

Native App 又称原生应用，它主要是基于特定 SDK（Software Development Ki，软件开发工具包）开发的。这种开发模式有利也有弊：一方面厂商通过对 SDK 的不断优化、完善，能使应用开发效率更高、运行速度更快、用户体验更好，并通过特定 API 访问底层硬件；另一方面，这种针对性也使原生应用无法做到“一次开发、处处运行”，而需要根据不同平台的 SDK，使用不同的编程语言、开发工具分别进行，开发门槛、部署测试投入、运维成本也相对更高。比较典型的例子是 Android 平台，近年来被广泛用于各种电子设备，但由于厂商不可避免地都会对 Android 进行不同程度的定制，使得基于标准 SDK 开发的应用在不同硬件上的表现并不一致，只有依靠真机测试才能发现和解决各种适配问题，如图 6.1 所示。

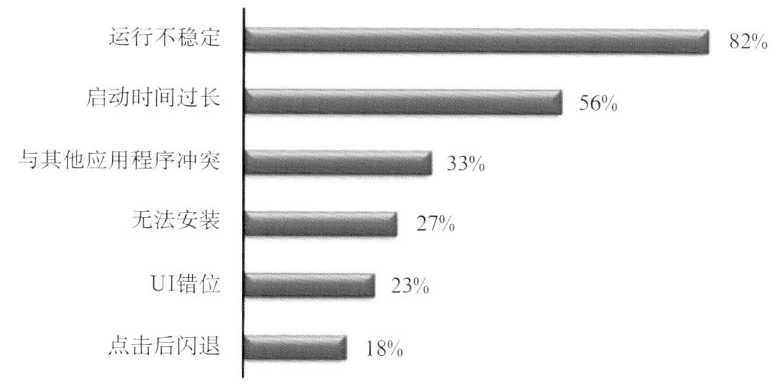

图 6.1　Android 4.0 应用适配主要问题

Web App 从广义上讲属于 B/S 架构的产物，主要依赖浏览器和服务器运行，前端主要是使用 HTML、CSS 和 Javascript 技术开发的页面，而后端可由任何语言编写的系统来支撑。与 Native App 相比，Web App 的一个显著特点就是跨平台，在移动领域使用 WebKit 内核的新一代浏览器已经成为主流，它们的共同特点是对 HTML5 的支持度很高、CSS 渲染和 Javascript 执行效率很高且兼容性好。基于 iPad 开发的 Web 应用在 Android 平台上看起来是一样的效果，并不需要太多的测试和兼容适配工作，真正实现“一次开发，处处运行”。对开发人员而言，他们只需掌握相对简单的网页技术就能满足 Web 应用开发的需要，只需将开发完成的 Web 应用地址告知用户，他们就能随时随地联网访问，因此 Web App 的开发门槛和部署成本都很低。

相比而言，Web App 的通用性很强，但由于基于浏览器实现，它也有自身的局限性，例如：网页采用的 JavaScript 是一种解释语言，虽然具有很高的抽象性和灵活性、开发效率也很高，但执行效率依赖于浏览器，还无法与原生应用相媲美；由于安全方面的考虑，浏览器并不直接访问硬件，因此目前 HTML5 提供的硬件 API 还很有限，至今无法实现摄像头图像获取和麦克风拾音，更无法获得手机联系人信息或让手机定点报时，目前这些还都是 Native App 的专属领域。

就目前的移动应用开发格局来说，Native App 仍占据较高份额，是高品质产品的首选，这些产品往往对执行效率和底层硬件交互有较高要求，例如对网络依赖度低的单机游戏，又或是具有音频 / 视频采集功能的特种软件，Native 开发模式能最大限度地挖掘硬件潜力，创造有流畅使用体验的杀手级应用；而 Web App 多用于单页简单应用或瘦客户端，它们背后往往有信息系统做支撑，更关注互联和内容获取，因此对网络的依赖程度也更高，譬如某网站的信息阅读器或者在线地图导航。对于企业而言，往往已经存在各种各样的内容信息系统，通过 Web App 方式为这些系统增加移动设备客户端，顺应了 PC 向移动智能终端延伸的趋势，为企业带来了价值，同时也在跨平台使用和开发成本间获得平衡，是一种很实际的做法。苹果公司前首席执行官乔布斯有一次谈到这个问题时说："Web 是未来，虽然现阶段 Native 给了用户更好的体验。如果现在的开发者不有效地利用 Web 技术，那他就落伍了。但如果过分依赖 Web，完全不用 Native，那也未必就是好事。"随着 HTML5 发展和浏览器不断进化，Web App 的使用体验将逐渐向 Native App 靠拢，也有权威人士预言："Native Apps 就像 CD-ROM，只是发展过渡"，但这将是相当漫长的过程，目前 HTML5 还处于草案阶段，在此之前 Native App 还有其存在价值和生存空间。

6.2.1.2 开发框架

对于如何让 Web App 更接近 Native App，一些框架做了很多有益尝试，它们提供了统一的视觉表现、标准的操作方式，不断优化 HTML5、CSS3 和 JavaScript 来模仿 Native 标准件外观，提供展示层的快速开发能力，这类框架通过自适应技术可同时为不同尺寸、不同系统的手机、平板和桌面电脑开发移动应用，使得 Web App 看上去更像 Native App，但仍无法突破 Web App 的各种局限性。而另外一些产品在这方面走得更远，融合了 Web 和 Native 两者，催生出 Hybrid App（混合应用）。混合应用虽然看上去是 Native App，但实际上只有一个 UI WebView，里面访问的是实实在在的 Web App。此外，插件主要解决某一方面的具体问题，灵活运用框架和插件，可以让开发效率和用户体验更上一个台阶。图 6.2 列出了移动开发的常用框架及设备支持范围。

Mobile Frameworks Comparison Chart

Looking for the right mobile framework?Compare all major mobile frameworks and choose the one that fits best.

Start Wizard!

Framework	Platform（Rendering Engine）											Target				Development Languages											
	iOS (Webkit)	Android (Webkit)	Windows Mobile (Trident)	Windows Phone (Trident)	Blackberry OS (Webkit)	Symbian (Webkit/Gecko)	MeeGo (Gecko)	Maemo (Gecko)	WebOS (Webkit)	Bada (Webkit)	Java ME	Mobile website	WebApp	Native app	Hybrid app	PHP	Java	Ruby	Action Script	C#	Lua	HTML	CSS	Java Script	C++	Visual Editor	Accelerometer
Apache Flex	✓	✓	✗	✗	✓	✗	✗	✗	✗	✗	✗	✓	✓	✓	✓	✗	✗	✗	✓	✗	✗	✗	✗	✗	✓	✗	✓
GWT mobile webkit+gwt mobile ui*	✓	✓	✗	✗	✗	✗	✗	✗	✓	✗	✗	✓	✓	✗	✗	✗	✓	✗	✗	✗	✗	✗	✓	✓	✗	✗	✓
Corona*	✓	✓	✗	✗	✗	✗	✗	✗	✗	✗	✗	✗	✗	✓	✗	✗	✗	✗	✗	✗	✓	✗	✗	✗	✗	✗	✓
Appcelerator Titanium Mobile*	✓	✓	✗	✗	✗	✗	✗	✗	✗	✗	✗	✗	✗	✓	✗	✓	✗	✗	✗	✗	✗	✓	✓	✓	✗	✗	✓
iUI*	✓	✓	✗	✗	✓	✗	✓	✗	✓	✓	✗	✓	✓	✗	✗	✗	✗	✗	✗	✗	✗	✓	✓	✓	✗	✗	✗
iPhone Universal*	✓	✗	✗	✗	✗	✗	✗	✗	✗	✗	✗	✗	✓	✗	✗	✗	✗	✗	✗	✗	✗	✓	✓	✗	✗	✗	✗
CNET iPhone UI*	✓	✓	✗	✗	✓	✗	✓	✗	✓	✓	✗	✓	✓	✗	✗	✗	✗	✗	✗	✗	✗	✓	✓	✓	✗	✗	✗
Jo HTML5 Mobile App Framework*	✓	✓	✗	✗	✗	✓	✗	✗	✓	✗	✗	✓	✓	✗	✗	✗	✗	✗	✗	✗	✗	✓	✓	✓	✗	✗	✗
jQuery Mobile*	✓	✓	✓	✓	✓	✓	✓	✗	✓	✓	✗	✓	✓	✗	✗	✗	✗	✗	✗	✗	✗	✓	✓	✓	✗	✗	✗
JQ Touch*	✓	✓	✗	✗	✗	✗	✗	✗	✗	✗	✗	✓	✓	✗	✗	✗	✗	✗	✗	✗	✗	✓	✓	✓	✗	✗	✗
mobione*	✓	✗	✗	✗	✗	✗	✗	✗	✗	✗	✗	✓	✓	✗	✗	✗	✗	✗	✗	✗	✗	✗	✗	✓	✗	✗	✗
Application Craft	✓	✓	✓	✓	✓	✓	✓	✓	✓	✓	✗	✓	✓	✗	✓	✓	✗	✗	✗	✗	✗	✓	✓	✓	✗	✓	✓
DHTMLX Touch	✓	✓	✓	✗	✓	✗	✗	✗	✗	✗	✗	✓	✓	✗	✗	✗	✗	✗	✗	✗	✗	✓	✓	✓	✗	✓	✗

图 6.2　较实用的流行框架和插件

下面简单介绍其中一些比较实用的框架和插件：

（1）jQueryMobile。

jQuery Mobile 是 jQuery 在手机和平板设备上的版本。jQuery Mobile 不仅会给主流移动平台带来 jQuery 核心库，而且会发布完整统一的 jQuery 移动 UI 框架，支持全球主流的移动平台。jQuery Mobile 框架把“Write less，do more”精神提升到更高的层次。jQuery 移动框架有助于设计可运行于所有流行移动智能终端的应用程序，而不需要为每种移动智能终端都开发一个特别的版本。图 6.3 为 jQuery Mobile UI 早期版本。

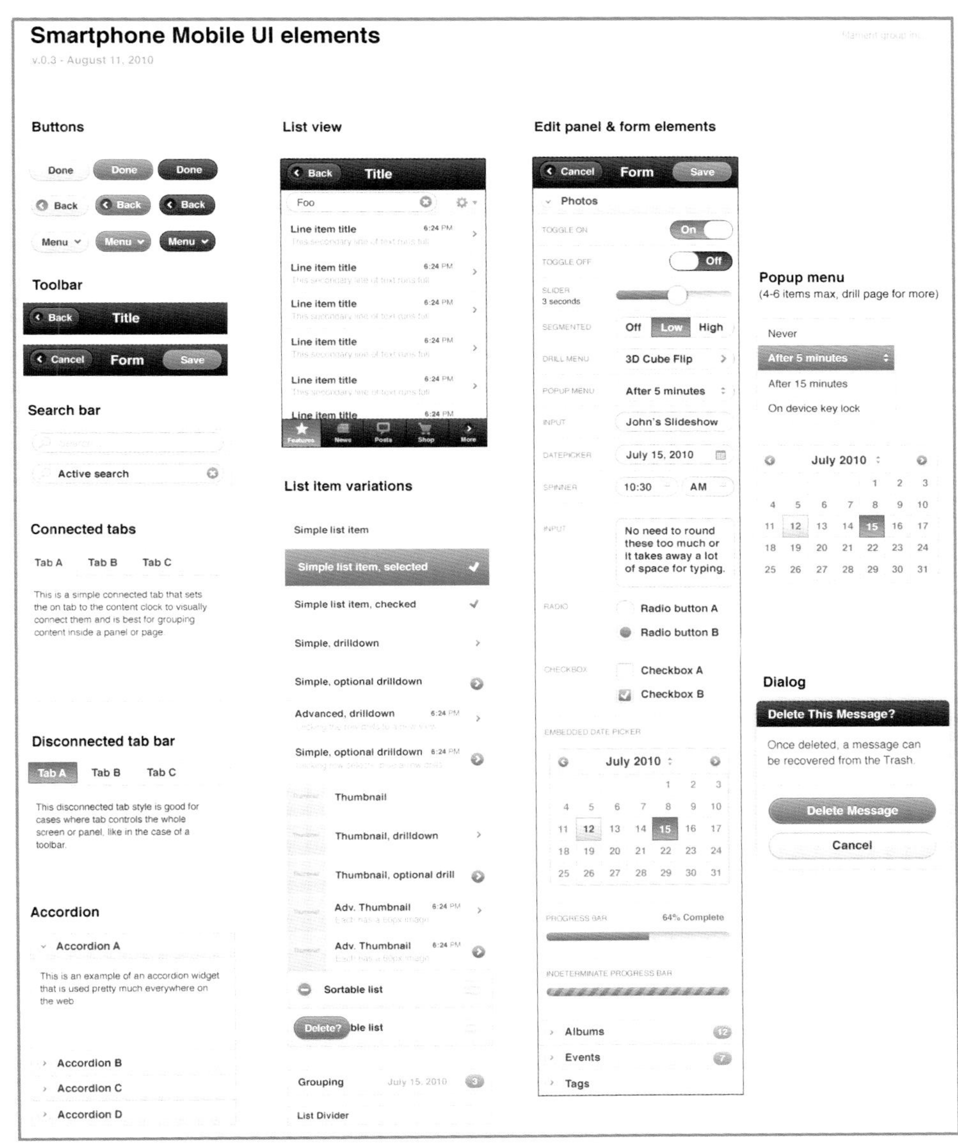

图 6.3　jQuery Mobile UI 示意图

（2）jQ.Mobi。

jQ.Mobi 是 jQuery 的部分重写版本，但针对 HTML5 和移动设备做了优化，它的文件大小只有 3KB，而 jQuery 则有 35KB，并且据 JSPerf test 的数据，它在 Android 上要比

jQuery 快 3 倍，在 iOS 上快 2.2 倍。该框架是由 AppMobi 发布并开源的。因为 jQ.Mobi 是插件式开发，所以它的编程语法和 jQuery 完全相同。jQ.Mobi 只包含 jQuery API 的子集，也就是 AppMobi 认为给 iOS 和 Android 提供完全相同用户体验所需的最重要的那部分。

2013 年 2 月 22 日，开发 jQ.Mobi 框架的 AppMobi 公司及其团队被 Intel（英特尔）收购，jQ.Mobi 也成为 Intel 移动战略的一部分，收购前的 UI 如图 6.4 所示。

图 6.4　jqMobi UI

（3）Sencha Touch。

Sencha Touch 是世界上第一个基于 HTML5 的移动 Web 开发框架，支持最新的 HTML5 和 CSS3 标准，全面兼容 Android 和 Apple iOS 设备，提供了丰富的 Web UI 组件，可以快速地开发出运行于移动智能终端的应用程序。相比于 JQuery 等轻量级框架，Sencha Touch 提供更为完整的前端开发体系和工具，借鉴了很多 ExtJS 的模式和惯例，因此在企业开发中较多被采用。它的早期版本的 UI 如图 6.5 所示。

图 6.5　Sencha Touch UI

（4）PhoneGap。

与前几个脚本框架不同，PhoneGap是一款Hybird App应用开发平台。通过PhoneGap，开发商可以使用HTML、CSS及JavaScript来开发本地移动应用程序，并最终编译成Native App（通过WebView展现网页），由于这类应用在Native Web上嫁接了Web内容，因此一般称为Hybird App。在这一体系下，开发人员不但能在程序中引用JQuery、Sencha Touch等脚本库，更可以通过PhoneGap所提供的API来访问硬件设备，如摄像头、内置存储等，这是基于纯HTML5的Web App所不具备的，另外还可以引入各平台的原生开发代码，形成混合式应用。实现只编写一次应用程序，通过简单打包就能在多个主要的移动平台和应用程序商店进行发布，图6.6就是PhoneGap安装后Apple Xcode项目创建界面。

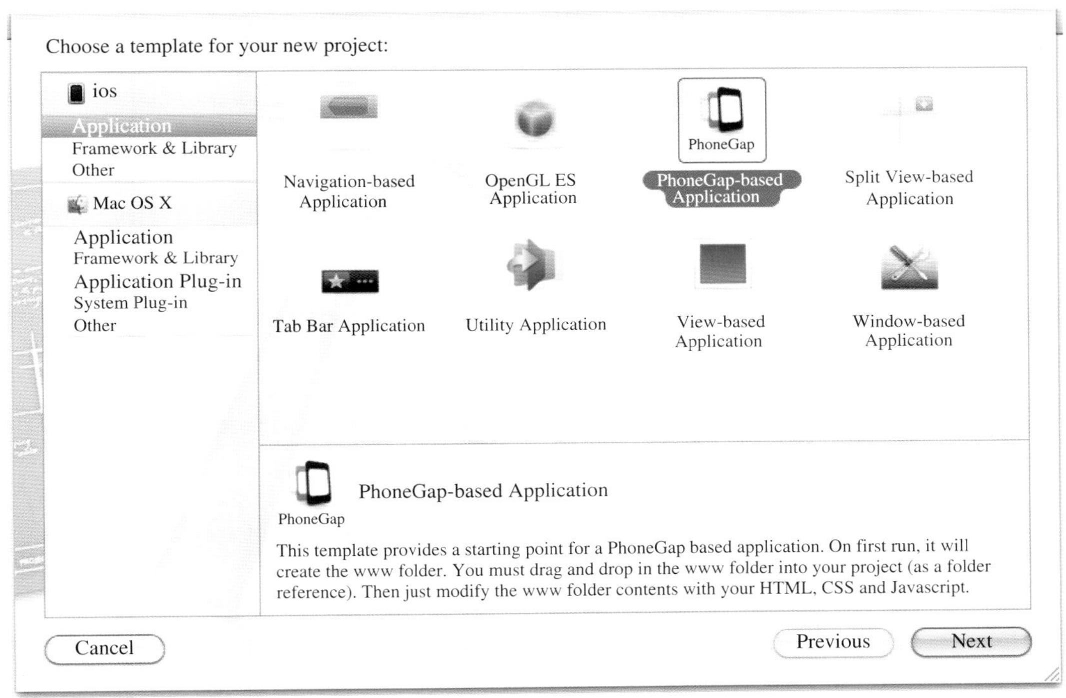

图6.6　PhoneGap安装后Apple Xcode项目创建界面

6.2.2　开发环境

6.2.2.1　Android开发环境

可以基于ADT（Android Developer Tools）Bundle搭建Android开发环境。在网能直接查看详细的有关ADT软件下载以及安装使用等方面的内容，访问网址http：//developer.android.com/sdk/installing/bundle.html即可。ADT Bundle里面包含了一个有内置ADT的Eclipse IDE来实现Android应用开发过程流水化。安装SDK和Eclipse IDE包含下面的三个步骤：解压下载的ZIP文件（名称为adt-bundle-<os_platform>.zip），放置合适目录下；打开adt-bundle-<os_platform> /eclipse/ 目录，启动Eclipse；使用SDK Manager下载最新的SDK工具和平台。此时重启IDE，集成环境就已经加载好了ADT插件和SDK，下面我们就可以开始编程了。

最好不要移动 adt-bundle-<os_platform> 目录下的任何文件或目录。如果移动了 eclipse 或者是 sdk 目录，ADT 就不能自动定位 SDK，而必须人工更新 ADT Preferences。随着编程的深入，您可能需要安装其他版本的 Android 模拟机以及如 Google Play In-app Billing 等库。这时请使用 SDK Manager 来安装更多的包。

（1）使用 Eclipse 创建 Android 应用项目。

①如图 6.7 所示，打开 File ⟶ New ⟶ Android Application Project。

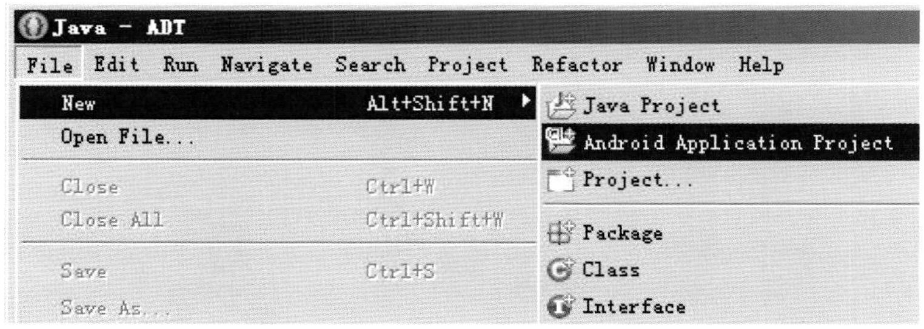

图 6.7 新建 Android 应用项目

②如图 6.8 所示，在弹出的 New Android Application 表单上必须填写 Application Name、Project Name。其余项会自动填充，可以根据需要调整。填完后，点击 Next 按钮。

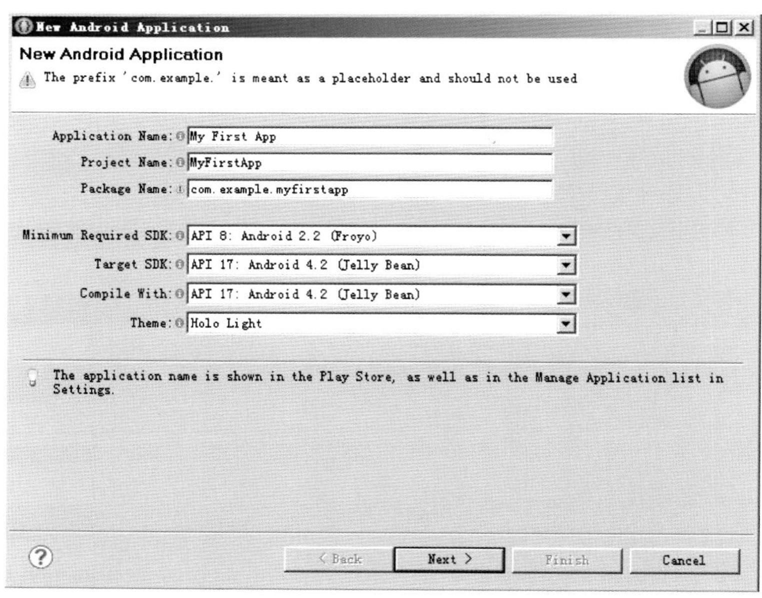

图 6.8 填写 Android 应用信息

③如图 6.9 所示，在 Configure Project 页面上可勾选是否创建启动图标、活动等配置选项，通常保留默认配置，然后点击 Next 按钮。

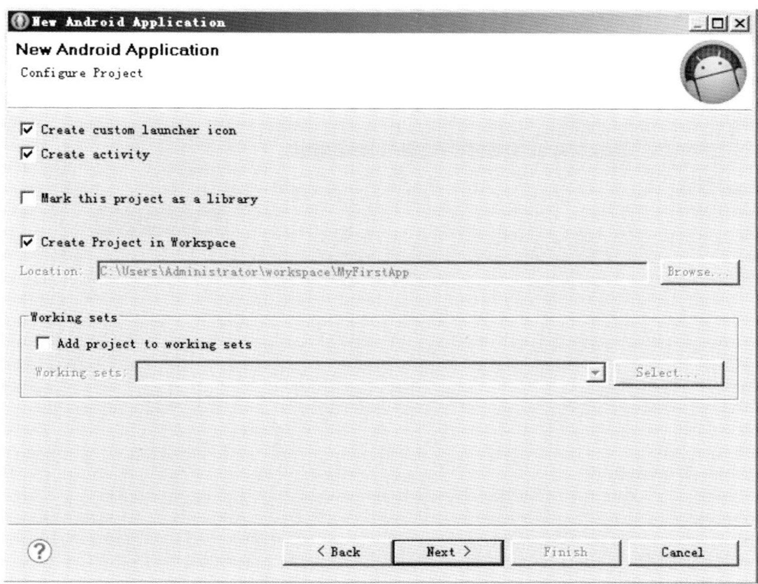

图 6.9　Android 应用配置

④如图 6.10 所示，可以为应用程序创建一个启动图标。点击 Next 按钮。

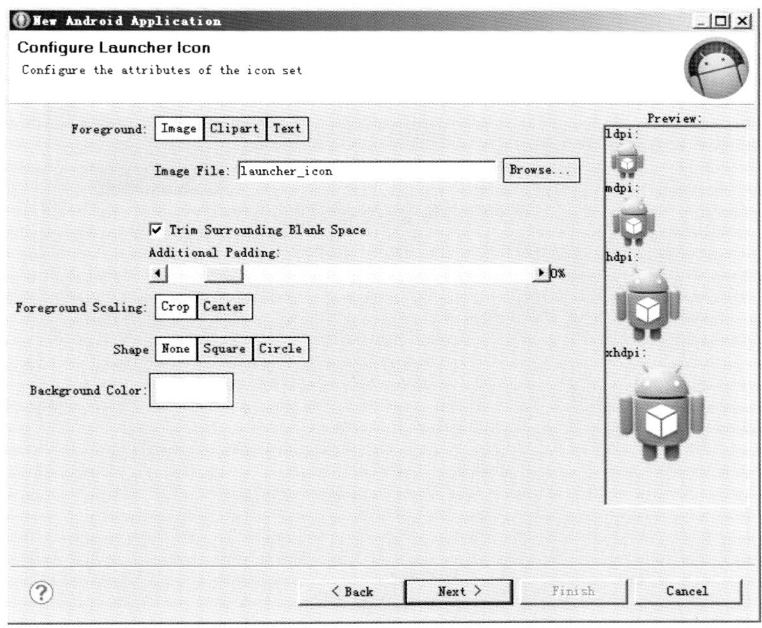

图 6.10　创建应用程序启动图标

⑤如图 6.11 所示，选择应用程序的创建模板，这里选择空白模板 BlankActivity。点击 Next 按钮。

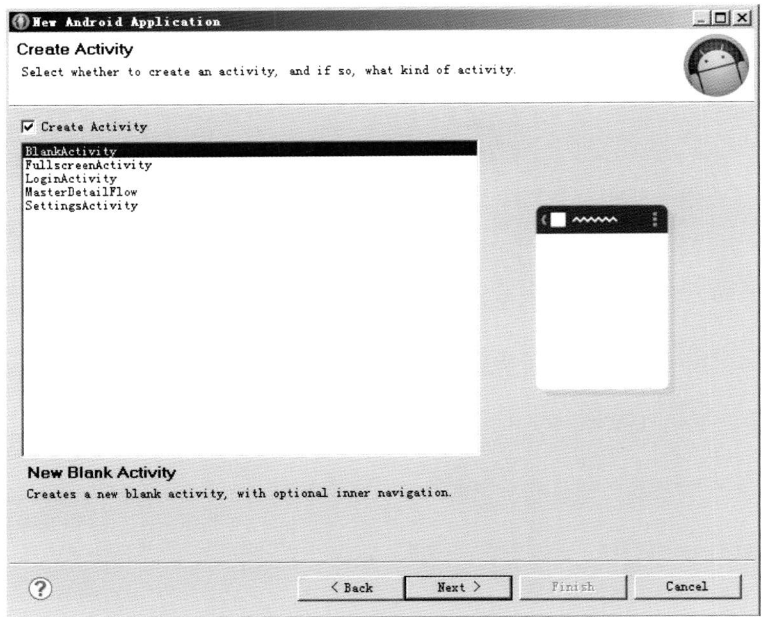

图 6.11　选择应用程序的创建模板

⑥ 如图 6.12 所示，在新建空白活动页面可以保留默认的输入值，然后点击 Finish 按钮。

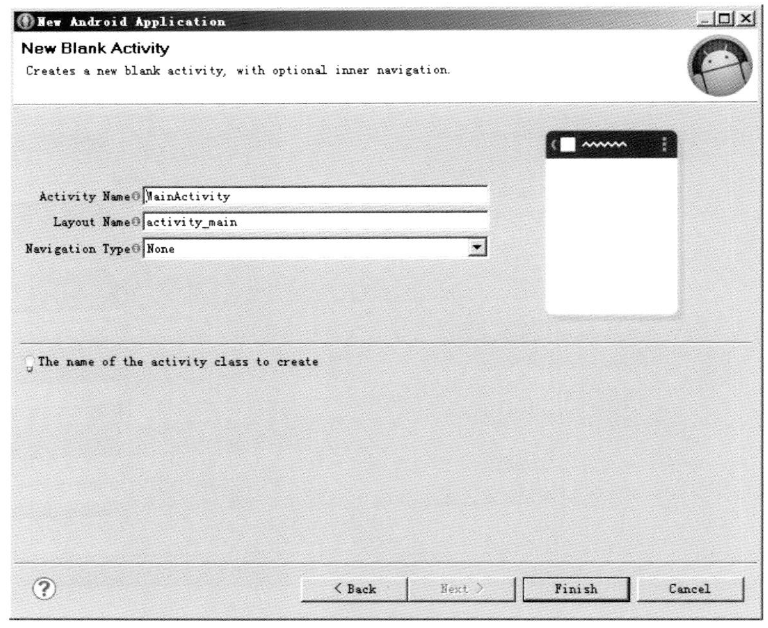

图 6.12　新建空白活动确认页

到现在 Android 项目已经设置好了，这个项目里面包含一套可以直接编译运行的 HelloWorld 的源文件。但是在运行程序之前，我们要知道应用程序运行可以有两种方式：(1) 在真正的 Android 机器上运行；(2) 在 Android 虚拟机上运行。

(2) 创建 Android 虚拟机。

①如图 6.13 所示，首先打开 Android SDK Manager，选择 Tools ⟶ Manage AVDs。

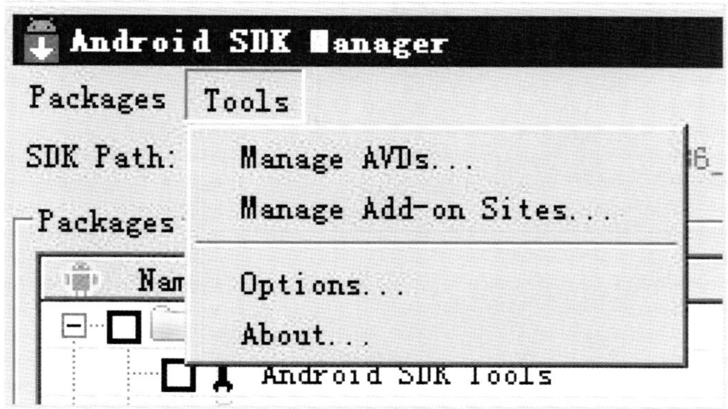

图 6.13　打开 Android SDK Manager

②如图 6.14 所示，在 Android Virtual Device Manager 页面中点击 New 按钮，可以创建新的虚拟机。如图 6.15 所示，填入虚拟机的具体配置信息，完成虚拟机的创建。

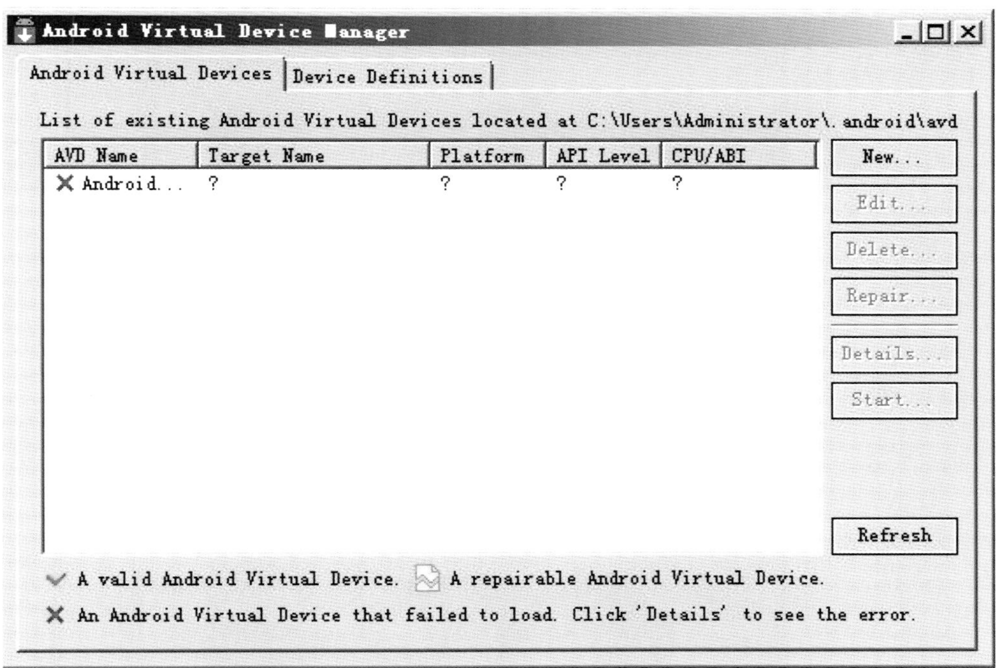

图 6.14　新建 Android 虚拟机

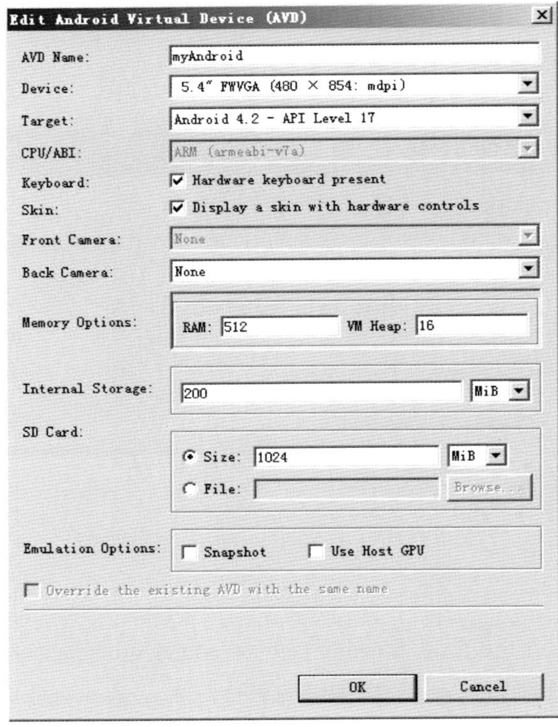

图 6.15　填入 Android 虚拟机的具体配置信息

③选中刚创建的虚拟机，然后选择 Start 按钮，虚拟机就启动了，如图 6.16 所示。

图 6.16　Android 虚拟机启动后

④在 Eclipse 中选择 Run 菜单 ⟶ Run AS ⟶ 1 Android Application，Eclipse 就会完成在 Android 虚拟机上安装应用程序，并且开始运行程序。如图 6.17 所示。

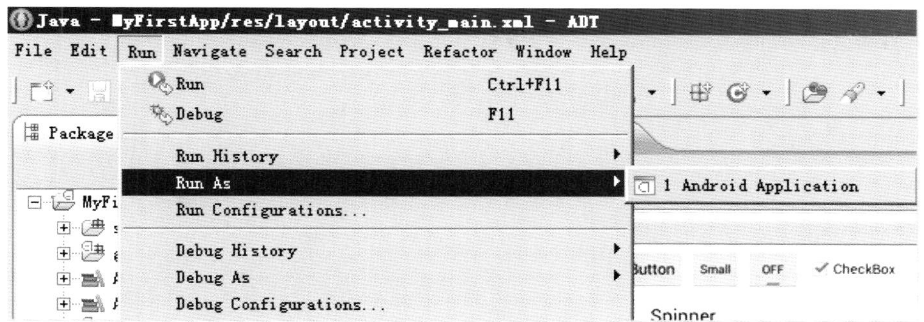

图 6.17　在 Android 虚拟机上运行应用程序

⑤如图 6.18 所示，在下面的虚拟机屏幕中，“MyFirst App”就是这样刚创建的应用程序 HelloWorld。

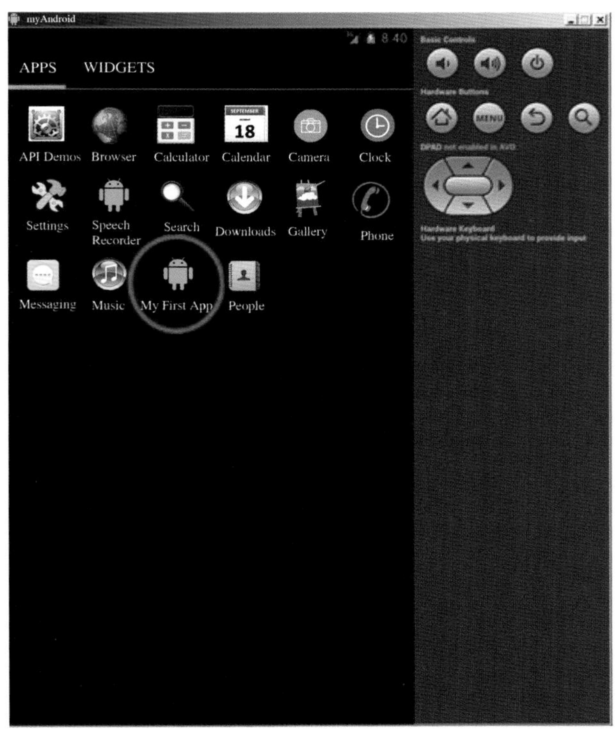

图 6.18　应用程序在虚拟机屏幕中的图标

⑤双击“MyFirst App”图标，在屏幕上显示了“Hello world!”，如图 6.19 所示。

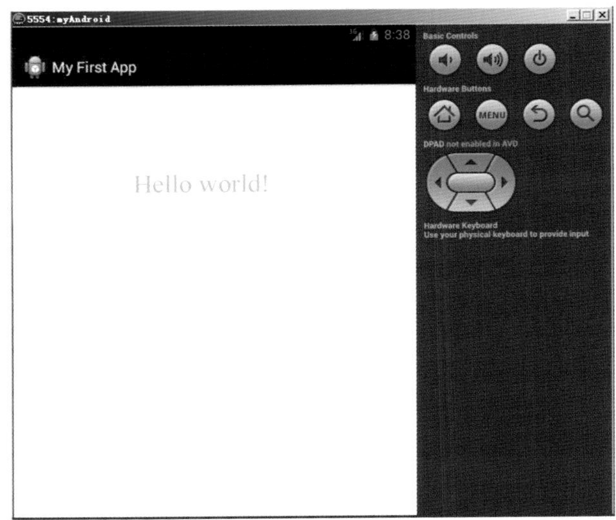

图 6.19　应用程序 Hello world 运行结果

6.2.2.2　iOS 开发环境

iOS Native App 推荐使用苹果官方的免费集成开发环境 Xcode 进行。由于该公司的软硬件密不可分，因此使用苹果硬件设备搭配 MacOS 操作系统是最好的。Xcode 自带 iOS 模拟器，可以进行应用的开发调试，如果需要真机调试、部署及发布，还需购买苹果的开发者账号，个人开发账号年费为 99 美元，企业开发账号年费为 299 美元，其区别是企业账号支持更多的设备数量，同时可以建立企业内部的应用商店，进行无限制的应用发布。

6.2.2.3　Web 开发环境

与 Native App 不同，Web App 不区分具体平台，其开发过程和开发网站相似，不需要特殊的开发环境或工具，用文本编辑器就能进行开发，比如 NotePad++、Sublime、Vim 等，也可利用一些更专业的网页开发软件，比如 Dreamweaver 等。网页应用可以直接在 WebKit 内核的浏览器中测试最终效果（Chrome、Safari 等），需要部署一个简单的 WebSever 来运行（IIS、Apache 均可），不需要苹果开发者账号，直接访问网址即可，因此开发和使用成本比 Native App 更低。

6.2.3　开发语言

HTML5 是最近一直被讨论的热门话题，它与 CSS3 的结合使用对于开发移动应用有着强大的优势，被广泛应用于互联网开发尤其是前端开发之中。

6.2.3.1　HTML5 简介

HTML5 是用于取代 1999 年所制定的 HTML 4.01 和 XHTML 1.0 标准的 HTML 标准版本。广义 HTML5 指的是包括 HTML、CSS 和 JavaScript 在内的一套技术组合。它是需求催生的产物，一方面它由多方共同商议制定，标准趋于统一，为解决浏览器混战导致的标准兼容问题带来了希望，主流浏览器对 HTML5 API 的支持情况如图 6.20 所示；另一方面它也结合互联网发展，加入了很多的新特性，比如更丰富的语义标签、原生音视频播放、CSS3 动画、不断引入各种传感器等。与 HTML 早期版本相比，HTML5 越来越多地包含了表现层和功能性的服务接口，已不再是简单的标记描述，而更像一整套 Web 应用解决方案。

HTML5 Web Applications

	MAC				WIN								
	SAFARI	FIREFOX	OPERA	CHROME	SAFARI	IE				FIREFOX	OPERA	CHROME	
	5.1	11	11.62	18	5.1	6	7	8	9	11	11.61	18	
Local Storage	✔	✔	✔	✔	✔	✘	✘	✔	✔	✔	✔	✔	94%
Session Storage	✔	✔	✔	✔	✔	✘	✘	✔	✔	✔	✔	✔	95%
Post Message	✔	✔	✔	✔	✔	✘	✘	✔	✔	✔	✔	✔	96%
Offline Applications	✔	✔	✔	✔	✔	✘	✘	✘	✘	✔	✔	✔	84%
Workers	✔	✔	✔	✔	✔	✘	✘	✘	✘	✔	✔	✔	81%
Query Selector	✔	✔	✔	✔	✔	✘	✘	✔	✔	✔	✔	✔	93%
WebSQL Database	✔	✘	✔	✔	✔	✘	✘	✘	✘	✘	✔	✔	46%
IndexDB Database	✘	✘	✘	✔	✘	✘	✘	✘	✘	✔	✘	✔	
Drag and Drop	✔	✔	✘	✔	✔	✔	✔	✔	✔	✔	✘	✔	94%
Hash Change (Event)	✔	✔	✔	✔	✔	✘	✘	✔	✔	✔	✔	✔	92%
History Management	✔	✔	✔	✔	✔	✘	✘	✘	✘	✔	✔	✔	61%
WebSockets	✔	✔	✘	✔	✔	✘	✘	✘	✘	✔	✘	✔	42%
GeoLocation	✔	✔	✔	✔	✔	✘	✘	✘	✔	✔	✔	✔	87%
Touch	✘	✘	✘	✘	✘	✘	✘	✘	✘	✘	✘	✘	5%
File API	✘	✔	✔	✔	✘	✘	✘	✘	✘	✔	✔	✔	
meter element	✘	✘	✔	✔	✘	✘	✘	✘	✘	✘	✔	✔	
progress element	✘	✔	✔	✔	✘	✘	✘	✘	✘	✔	✔	✔	

图 6.20 各浏览器 HTML5 API 支持情况

HTML5 有很多好处：统一标准下，开发、设计和使用都获得最大的效率，开发时不必再为不同的渲染标准编写兼容代码，访问网站时也不必因为播放音频、视频去下载各种 ActiveX 和 Flash 插件。另外，CSS3 给设计师带来了极大方便：它帮助设计师快速实现响应式布局、丰富的边框和圆角，甚至原来只有 Flash 才能做到的渐变动画效果。对开发人员而言，只需编写简单的网页脚本（JavaScript）就能直接获取陀螺仪、加速度计、GPS 传感器的数据，无需学习额外的编程语言。HTML5 的其他一些新特性，如离线存储、本地存储、套接字通信等，有能力将网页变成功能强大、可离线使用的移动应用，实现用户访问一次即缓存到设备，离线时数据变更可存储在本地，再次联网就能将数据结果同步。

6.2.3.2 HTML5 开发技巧

在前面的章节中已经探讨了 HTML5 与移动应用的关系，下面针对 Web App 开发中的一些具体问题简述开发技巧，并提供示例代码。

（1）屏幕判别。移动设备种类繁多，其屏幕宽度也不尽相同，更有横屏和竖屏两种使用方式。因此一般会写多套级联样式表（Cascading Style Sheet，CSS）界面样式，通过实时监测屏幕状态改变现实样式，提升应用的使用体验。

①屏幕横屏、竖屏自适应。

```
/* JavaScript 方式横竖屏自适应 */
window.onload = function initialLoad () {updateOrientation () ; }
function updateOrientation () {
    var contentType = "show_" ;
    switch (window.orientation) {
        case 0:
            contentType += "normal" ;
            break;
        case -90:
            contentType += "right" ;
            break;
        case 90:
            contentType += "left" ;
            break;
        case 180:
            contentType += "flipped" ;
            break;
    }
    document.getElementById ("page_wrapper") .setAttribute ("class", contentType) ;
}
/* CSS 方式 横竖屏自适应 */
@media all and (orientation: portrait) { … }  /* 竖屏样式 */
@media all and (orientation: landscape) { … }   /* 横屏样式 */
```

②屏幕高度、宽度自适应。

通过 max-device-width、min-device-width、device-width、max-device-height、min-device-height、device-height 等属性实时载入对应的 CSS 文件。

以下代码演示了屏幕宽度不超过 320px 时载入 narrow.css；超过 320px 时载入 wide.css。

```
<link rel= "stylesheet" media= "screen and (max-width: 320px)"
href= "narrow.css" />
<link rel= "stylesheet" media= "screen and (min-width: 321px)"
href= "wide.css" />
```

更多用法详见：http：//www.w3.org/TR/css3-mediaqueries/#device-width。

(2）功能类，包括 HTML 离线应用缓存和在线 / 离线判别。

① HTML 离线应用缓存。

通过编写 manifest 文件，可定义离线应用的缓存逻辑，在断网时依然能正常运行。首先需要绑定外部设置文件，在 HTML 页面中增加 manifest="cache.appcache" 属性，如：

```
<html manifest="cache.appcache">
```

离线缓存设定样例：

```
CACHE MANIFEST
# 2013-03-01 v1.0.0 onemade
/theme.css
/logo.gif
/main.js

NETWORK:
login.asp

FALLBACK:
/html5/ /404.html
```

其中第一部分为需要缓存的文件（theme.css、logo.gif、main.js）；NETWORK 标示后的文件为不缓存的文件（login.asp）；FALLBACK 标示后为断网回调（如无法访问时跳转到 /html5/ 目录，如果依然无法访问继续尝试备选方案 /404.html)。

更多细节详见：http：//www.w3school.com.cn/html5/html_5_app_cache.asp。

②在线 / 离线判别。

判断在线 / 离线状态主要依靠对 navigator.onLine 的检测。以下代码包含了对离线缓存和在线状态的检测，在线时更新缓存文件，并通过检测在线状态，修改 id='status' 的内容和样式。

```
function cheackAppCache () {
    var appCache = window.applicationCache;
    switch (appCache.status) {
            case appCache.UNCACHED:
            // UNCACHED == 0
                    alert ( ‘UNCACHED’) ;
                    break;
            case appCache.IDLE:
            // IDLE == 1
                    alert ( ‘IDLE’) ;
                    break;
            case appCache.CHECKING:
            // CHECKING == 2
                    alert (‘CHECKING’) ;
```

```
                break;
            case appCache.DOWNLOADING:
            // DOWNLOADING == 3
                alert ( 'DOWNLOADING') ;
                break;
            case appCache.UPDATEREADY:
            // UPDATEREADY == 5
                alert ('UPDATEREADY') ;
                break;
            case appCache.OBSOLETE:          // OBSOLETE == 5
                alert ('OBSOLETE') ;
                break;
            default:
                alert ('UKNOWN CACHE STATUS') ;
                break;
    };
}
function updateAppCache () {
    var appCache = window.applicationCache;
    appCache.update () ;
    // 开始更新
    if (appCache.status == window.applicationCache.UPDATEREADY)    {
            appCache.swapCache () ;
            // 得到最新版本缓存列表，并且成功下载资源，更新缓存到最新
    }
}
function montionAppChaceUpdate () {
    var appCache = window.applicationCache;
    // 请求 manifest 文件时返回 404 或 410，下载失败
    // 或 manifest 文件在下载过程中源文件被修改会触发 error 事件
    appCache.addEventListener ('error', handleCacheError, false) ;
    function handleCacheError (e) {
            alert ('Error: Cache failed to update!') ;
    };
}
var statusElem  = document.getElementById ('status') ;
function online (event) {
  statusElem.className = navigator.onLine ? 'online' : 'offline' ;
  statusElem.innerHTML = navigator.onLine ? 'online' : 'offline' ;
```

```
}
addEvent (window, 'online', online) ;
addEvent (window, 'offline', online) ;
online ({ type: 'ready' }) ;
```

7　使用技巧

智能手机的普及，为移动应用的强劲发展奠定了用户基础。移动应用已经与我们如影随形，本章介绍终端等设备常见的使用技巧，为用户提供更简洁快速的指引。

7.1　苹果设备的使用

苹果的设备在中国有很多粉丝。本节主要介绍 iPad 购机以后的开箱激活、同步书籍、同步音乐、同步视频、安装应用程序以及无线上网设置等操作，为 iPad 用户提供完整的使用指南。iPhone 和 iPad 的使用非常类似，iPad 的操作很多同样适用于 iPhone。

7.1.1　iPad 使用指南

（1）开箱与激活。

①在电脑上安装 iTunes：下载地址 http：//apple.com.cn/itunes（iTunes 是使用苹果设备的必备软件，必须通过它来管理 iPad 设备。当 iPad 出现不可解决的软件故障时，可使用 iTunes 将 iPad 恢复到出厂设置）。

②开机：取出 iPad，长按顶部按钮，打开 iPad 电源，屏幕会显示一根数据线的标志。

③连接设备：将数据线连接电脑和 iPad，打开 iTunes，此时 iPad 自动激活。

（2）注册 iTunes 账户（Apple ID），如图 7.1 所示。

①打开 iTunes 软件，点击 iTunes Store。

②点击其中的登录，点击“创建新账户”。

图 7.1　创建新账户

③填写所需要的信息，可以申请免费账户，但只能下载免费应用，也可以申请付费账户。申请付费账户需输入信用卡信息，确认时会被测试扣 1 美元，只是测试实际不扣，如图 7.2 和图 7.3 所示。

图 7.2　填写账户信息

图 7.3　填写账户信息

④登录注册时使用的邮箱收取确认邮件，点击确认连接即可激活自己的 iTunes 账户（Apple ID）。

⑤点击 iTunes 的"iTunes Store"，然后点击 iTunes Store 的登录，使用注册完成的账户就可以下载安装使用自己所需的 iPad 应用软件了。

一个 Apple ID 最多只能与 5 台计算机连接，最好固定在一台常用且性能较强的电脑上使用 iTunes 连接 iPad。

（3）同步音乐、视频或书籍。

①同步音乐：将电脑上的本地音乐文件拖拽至 iTunes 的左侧资料库中音乐栏目。如图 7.4 所示。

图 7.4　同步音乐

②同步视频：方法和同步音乐的步骤相似。如图 7.5 所示。

图 7.5　同步视频

③同步书籍：将 iTunes 支持的电子书籍文件直接拖拽到资料库中音乐栏目或视频栏目后面，就能看到书籍被放入 iTunes 了。如图 7.6 所示。

图 7.6 同步书籍

④确认需要同步的项目已经被选中：当资料库添加完成后，点击设备选项中的“XXX 的 iPad”栏目，分别点击音乐、视频、书籍选项卡，确保选中所需同步的音乐、视频或书籍。如图 7.7、图 7.8 和图 7.9 所示。

图 7.7 选择同步音乐

图 7.8　选择同步视频

图 7.9　选择同步书籍

⑤开始同步：点击右下角“应用”或“同步”按钮进行音乐、视频或书籍的同步，同步完成后即可断开 iPad 与计算机的连接，可以在您的 iPad 上欣赏同步过来的音乐、视频或书籍。正版音乐可从 Google 音乐等下载；不少网站可从下载视频，如威锋网 iPad 视频专区，当前网址是 http：//bbs.weiphone.com/thread-htm-fid-30-type-3.html#c；下载电子书的地方也很多，如 http：//bbs.weiphone.com/thread-htm-fid-224.html，http：//www.cnepub.com/index.php 等。

在 iPad 上看中文电子书的效果如图 7.10 和图 7.11 所示：

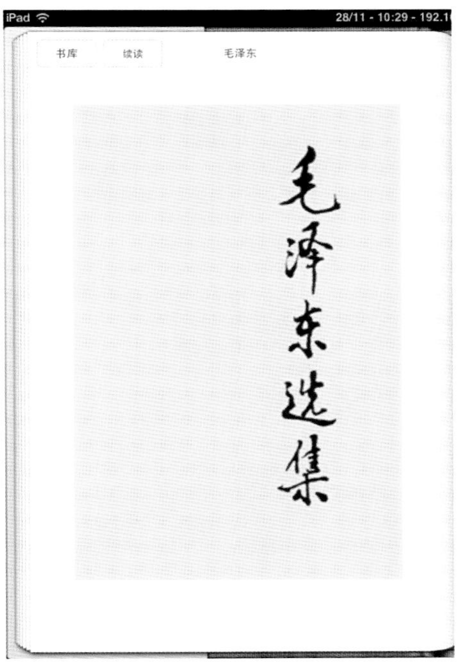

图 7.10　电子书封面

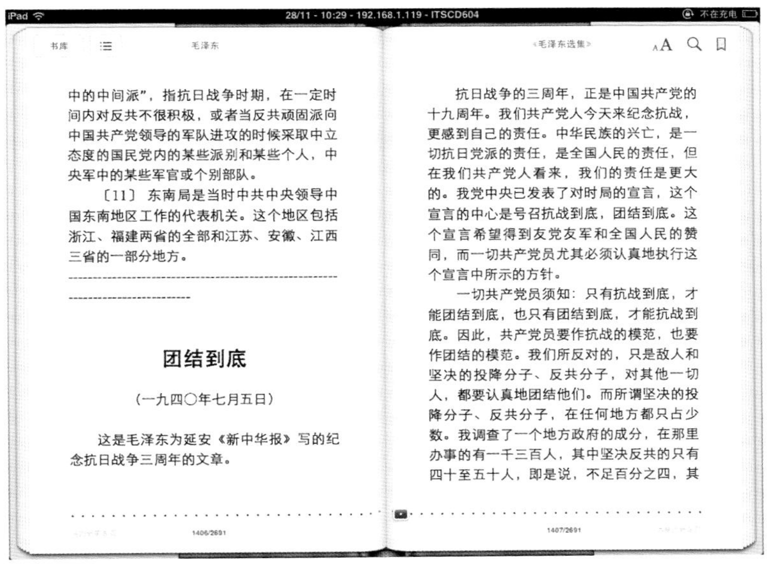

中的中间派”，指抗日战争时期，在一定时间内对反共不很积极，或者当反共顽固派向中国共产党领导的军队进攻的时候采取中立态度的国民党内的某些派别和某些个人，中央军中的某些军官或个别部队。

〔11〕 东南局是当时中共中央领导中国东南地区工作的代表机关。这个地区包括浙江、福建两省的全部和江苏、安徽、江西三省的一部分地方。

团结到底

（一九四〇年七月五日）

这是毛泽东为延安《新中华报》写的纪念抗日战争三周年的文章。

抗日战争的三周年，正是中国共产党的十九周年。我们共产党人今天来纪念抗战，更感到自己的责任。中华民族的兴亡，是一切抗日党派的责任，是全国人民的责任，但在我们共产党人看来，我们的责任是更大的。我党中央已发表了对时局的宣言，这个宣言的中心是号召抗战到底，团结到底。这个宣言希望得到友党友军和全国人民的赞同，而一切共产党员尤其必须认真地执行这个宣言中所示的方针。

一切共产党员须知：只有抗战到底，才能团结到底，也只有团结到底，才能抗战到底。因此，共产党员要作抗战的模范，也要作团结的模范。我们所反对的，只是敌人和坚决的投降分子、反共分子，对其他一切人，都要认真地团结他们。而所谓坚决的投降分子、反共分子，在任何地方都只占少数。我调查了一个地方政府的成分，在那里办事的有一千三百人，其中坚决反共的只有四十至五十人，即是说，不足百分之四，其

1406/2691　1407/2691

图 7.11　电子书内容

(4) 从应用商店（App Store）下载安装应用程序。

①打开 iTunes 软件后，点击“iTunes Store”，使用已有 iTunes 账户登录。

②点击 iTunes 的搜索框，输入关键字 iPad，即可看到 iPad 专用的应用“iPad Apps”，如图 7.12 所示。

图 7.12 搜索

点击查看全部即可看到目前所有的 iPad 应用程序（图 7.13），然后可根据需要选择下载安装。可以原分辨率显示或 4 倍分辨率显示，但后者会显示模糊。

图 7.13 搜索结果

③ iPad 兼容 iPhone 的所有程序，不推荐 iPad 使用 iPhone Apps，建议使用 iPad 专用 Apps。

（5）连接无线网（Wi-Fi）。

①在 iPad 屏幕上点击设置图标，进入设置界面。

②点击左上角的 Wi-Fi 栏目。

③打开右侧的 Wi-Fi 滑块，使 Wi-Fi 处于可用状态。

④这时 iPad 就会自动搜索附近的无线网络，并列表显示。

⑤选取要连接的网络名，输入密码（如需要）然后点击加入，就可接入 Wi-Fi，如图 7.14 所示。

图 7.14　连接 Wi-Fi

7.1.2　应用商店

应用商店 App store 是一个让用户与设备紧密融合的新型运营模式，它允许用户浏览、下载和使用各类应用软件。苹果、安卓等都有类似的应用商店。

在手机上，只需在屏幕上点按“App Store”即可进入苹果的应用商店；在 iPad 上，在屏幕上点按“设置”图标，在设置页面左侧点击 Store 栏目进入应用商店。

点击“应用”或“游戏”，向左或向右轻拂浏览，或者点击“搜索”，找到需要的应用或游戏后，点击它。如果应用或游戏是免费的，点击“安装”进行下载；如果应用或游戏是付费的，需要点击“购买”支付应用费用（会提示两次）或者点击“试用”下载免费试用版本（如果提供）。下面介绍几个热门软件。

（1）UC 手机浏览器。

UC 浏览器是全球使用人数最多的浏览器，它可以提供更快的浏览速度、炫彩 / 极速无缝切换浏览，支持酷炫浏览操作，独创的云端加速和网页压缩技术可节省网络流量，同时还提供隐私保护、语音搜索、微博分享等功能。

（2）凯立德导航。

凯立德移动导航系统为 iPhone 和 iPad 用户量身定制。该系统不但提供了专业级的导航性能和精准的全国导航数据，而且提供语音云搜索，为用户提供更好的导航体验。

（3）金山词霸。

金山词霸内置 32 万词条，全面收录释义、音标、发音（支持本地）、变形词、同反义词、搭配等，集英汉、英英、例句于一体，新加入了语音识别功能，通过英文单词的读音或字母拼写，能够快速识别并显示查询结果，不联网也能查询，能够节省网络流量。

（4）OPlayer 视频播放器。

OPlayer 可以用来增强移动设备的媒体播放能力，支持多种流媒体文件格式，如 mp3、wma、wmv、avi、flv、rm、rmvbmp3、3gp、mkv 等。

（5）iWork 办公软件。

iWork 是苹果推出的办公套装软件，类似微软的 Office 办公软件，通过它可以简单地制作精美文档、电子表格和幻灯片，主要包含 Pages、Numbers 和 Keynote 等。Pages 支持写作和页面排版；Numbers 用来处理表格数据；Keynote 提供增强的 PPT 展示效果。iWork 与 微软的 Office 软件兼容，常用的 Office 文件可以在 iWork 中正常使用。

（6）百度地图。

百度地图提供了丰富的公交换乘、驾车导航和时间预估，提供合理的路线规划，同时还提供完备的地图功能（如搜索提示、视野内检索、全屏、测距等）。

7.1.3 苹果 TV 应用

7.1.3.1 产品介绍

使用 Apple TV，可以从 iTunes Store 租借高清晰度影片，或者购买电视节目、音乐和音乐视频，以及看 Podcast 和 YouTube 视频。通过 Airplay 技术，可以将 iPhone、iPad 或 iPod touch 上的内容使用无线网络方式通过 Apple TV 传输至电视（投影机）和扬声器。还可以对 iPad 或 iPhone 4S 屏幕进行镜像输出，使画面变得更大更清晰。图 7.15 为 Apple TV 的外观展示。

图 7.15 Apple TV 外观图

7.1.3.2 操作说明

（1）连接电缆。首先进行电视机或接收机端口匹配的设置。

①将 HDMI 电缆的一端连接到电视机（显示器）的背面；

②将另一端连接到 Apple TV 的背面，如图 7.16 所示。

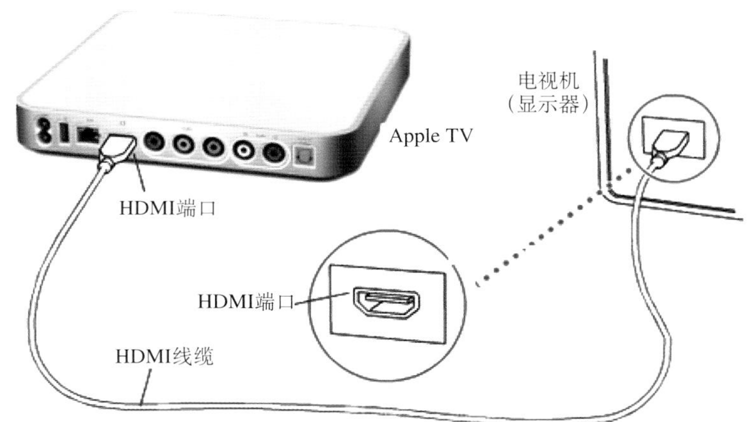

图 7.16　连接示意图

如果电视机（显示器）的 HDMI 端口已被其他设备占用，或电视机没有 HDMI 端口，可以使用分量视频和音频电缆来连接到 Apple TV，也可以通过其他转接设备实现。

（2）连接电源线。将电源线的一端插入到 Apple TV 的背面，另一端插入到电源插座。

（3）打开电视机，并选择输入。根据选择的 HDMI 连接口来选择电视（显示器）的输入接口，默认情况下选择 HDMI1 接口。

（4）连接到有线或者无线网络。Apple TV 将可以连接到无线网络，如果使用密码来访问无线网络，需使用 Apple 遥控器来进行操作，步骤如下：

①选择设备——通用——网络——Wi-Fi，在 Wi-Fi 网络列表中选择可用的无线网络名称进行连接，如果所使用的无线网络是隐藏网络，请选择 Wi-Fi 网络列表中的其他，按提示输入隐藏网络名称进行连接；

②根据提示输入无线网络连接密码；

③无线网络 IP 地址设置，如果无线网络采用的是 DHCP 自动分配 IP 地址，只需等待自动获取地址即可；如果无线网络采用的是手动配置 IP 地址，需手动配置正确的 IP 地址、子网掩码、网关地址及 DNS 地址。如果是有线连接，直接进入第三步。

7.1.4　苹果伴侣 U 盘在苹果设备中的应用

7.1.4.1　设备特点

（1）苹果伴侣 U 盘二代经过苹果认证，可以在 iPad、iPod、iPhone、PC、Mac 五种设备之间传输数据。

（2）无需网络、无需 PC，随时随地、方便快捷地在苹果设备之间、苹果设备和 PC 之间进行数据交换。

（3）轻松实现容量扩展，不用担心苹果设备因存储空间不足影响苹果设备的运行速度，甚至影响部分功能。

（4）如果苹果设备安装了 i-FlashDrive-HD 软件，可以在本机存储区进行录音操作，所保存的录音文件，可以即时读取、移动、复制、删除和邮件形式发送。

（5）苹果伴侣 U 盘二代轻松解决苹果设备不能添加邮件附件的瓶颈。

（6）不用电脑，只要用苹果伴侣 U 盘和 iPad 即可实现随时随地给领导汇报工作，便捷方便。

支持文件格式：TXT、HTML、Keynotes、Numbers、Pages、PDF、PPT、DOC、XLS、RTF、RTFD。

支持照片格式：BMP、TIF、TIFF、XBM、GIF、ICO、CUR、JPG、PNG。

支持视频格式：MP4、MOV、M4V、MPV。

支持音频格式：MP3、CAF、ACC、AIF、WAV、AIFF、M4A。

图 7.17 所示为苹果伴侣 U 盘二代产品外观。

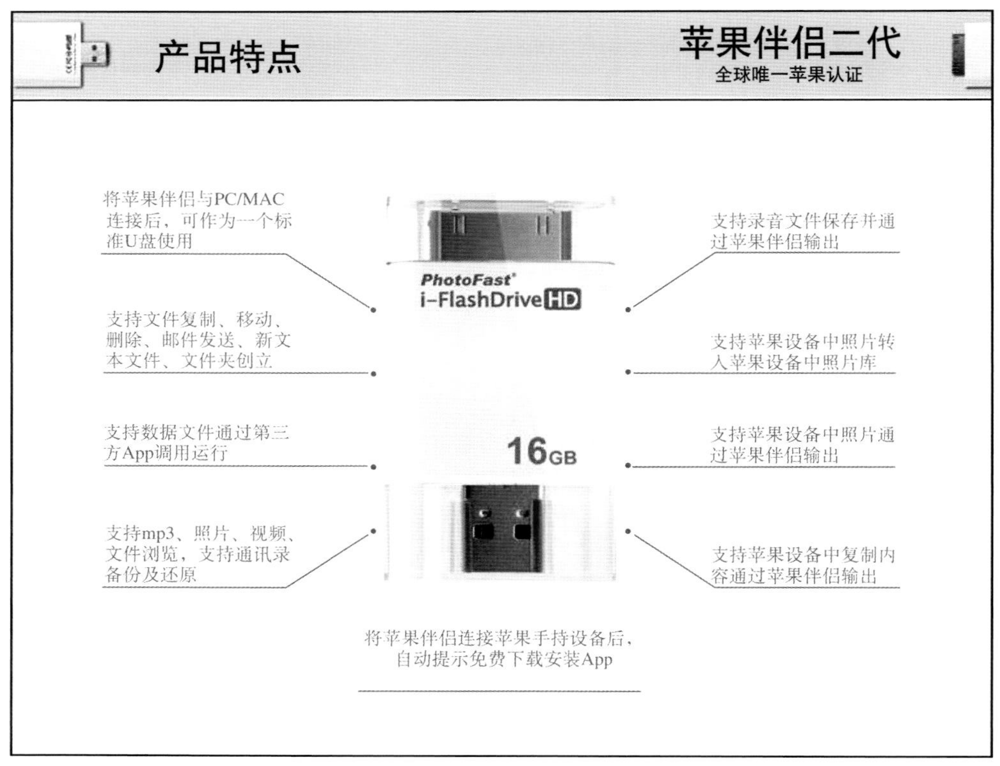

图 7.17　产品外观

7.1.4.2　驱动下载

第一步：将苹果伴侣 U 盘二代插入苹果终端设备。如图 7.18 所示。

第二步：苹果终端设备将会出现提示，需要从 App Store 里安装免费的应用软件 i-FlashDrive-HD，如图 7.18 所示，点击“是”。

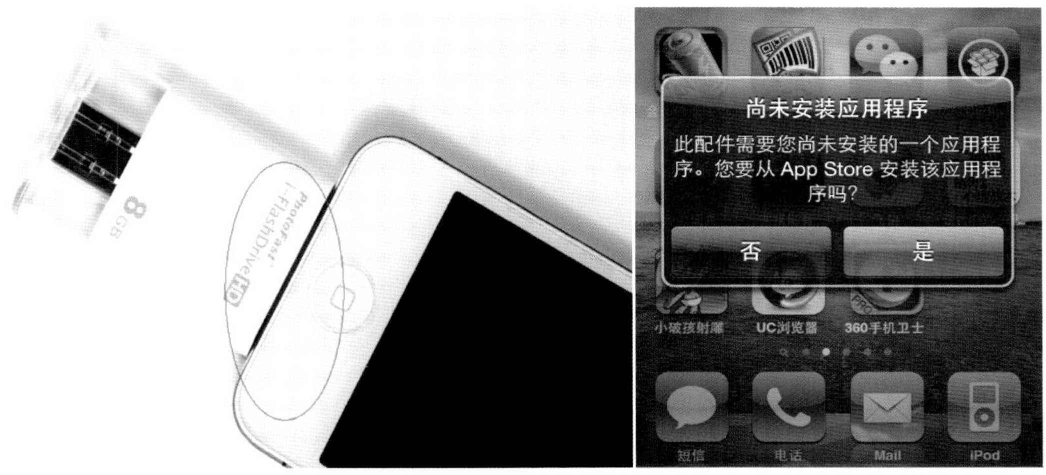

图 7.18　驱动下载步骤

第三步：进入 App Store 之后，查找选择 i-Flashdrive-HD 程序，可以自行选择版本。
第四步：输入 Apple ID 密码进行 i-Flashdrive HD 应用程序下载安装，如图 7.19 所示。
第五步：安装完成后，苹果终端设备界面会自动显示该应用软件图标。

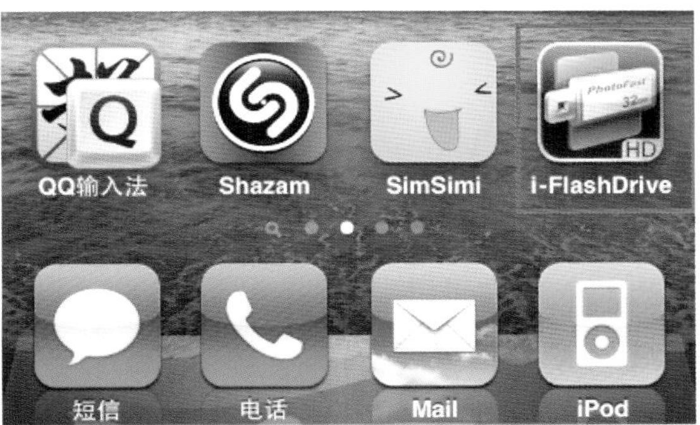

图 7.19　驱动下载步骤

7.1.4.3 使用步骤

进入 i-FlashdriveHD 之后，将在苹果设备上看到如图 7.20 所示界面。

（1）联络信息备份，可以实现 iPhone、PAD、MAC、PC 等设备通讯录的备份及还原。

（2）本机储存区指本机的存储空间。

（3）外部储存区指苹果伴侣二代 U 盘的存储空间。

（4）云端储存。

（1）联络信息备份步骤。

打开联络信息备份，显示如图 7.21 所示，可以进行 U 盘与设备之间通讯录的备份和还原。

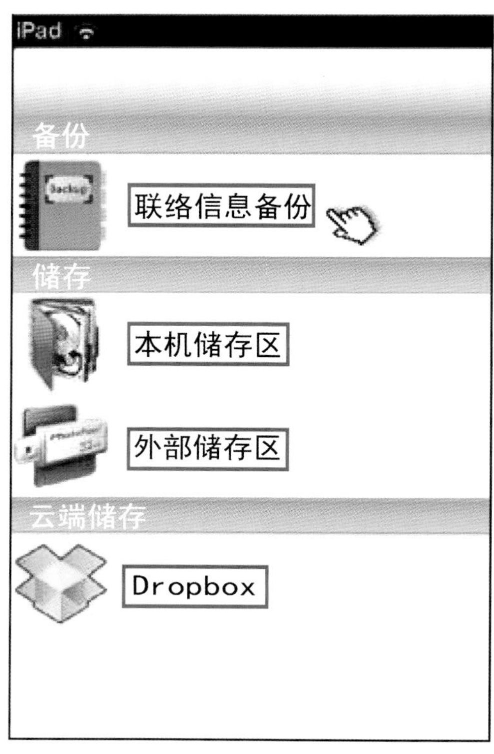

图 7.20　安装后的界面

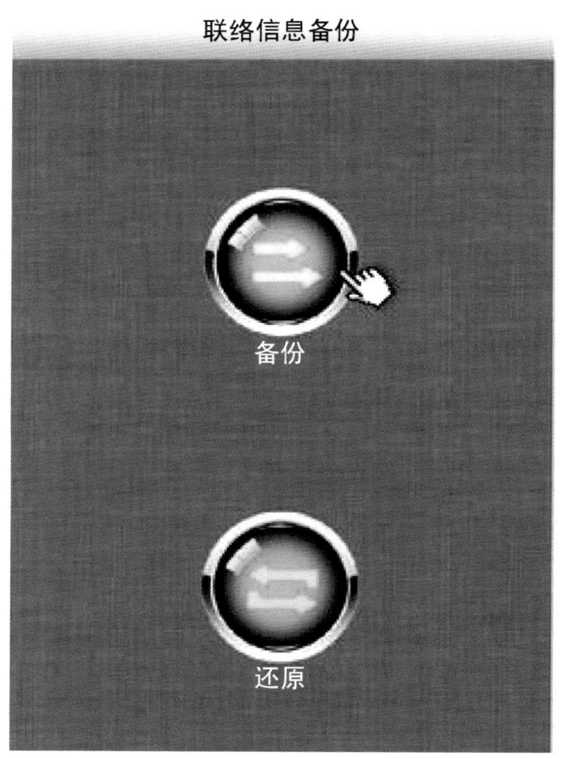

图 7.21　联络信息备份

（2）本机储存区界面及功能。

打开本机储存区，点击图 7.22 左下角“+”即可看到如下界面并实现以下功能：

①建立新文件夹。

②建立新文本文档。

③“从照片图库”：直接从本机照片库导入照片和视频到本机储存区。

④“From Clipboard”：任何可复制文件都可以以文本文档形式保存到本机储存区。

⑤“录音”：新增录音模式，可直接录音、播放、拷贝和发送。

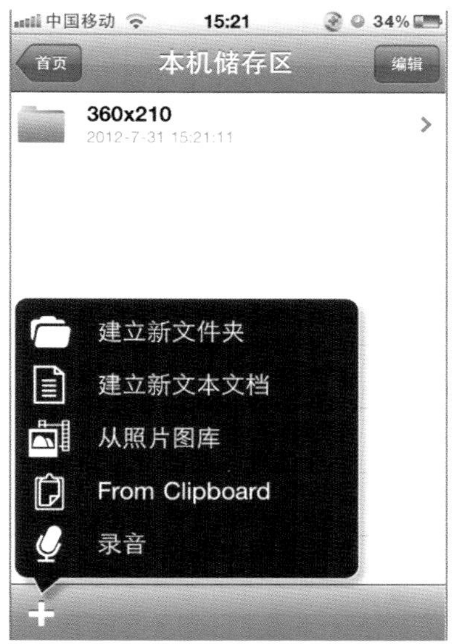

图 7.22　本机储存区

本机储存区功能一——从本机照片图库导入照片和视频至本机储存区。

点击图 7.23 右下角“+”选择“从照片图库”，然后在照片图库中选择想要的照片、视频，点击右上角的完成即可复制到本机储存区。

图 7.23　从照片图库导入

本机储存区功能二——From Clipboard。

From Clipboard 功能：在苹果设备中，打开任何文件或网页，长按屏幕，只要出现“拷贝”字样，均可拷贝当前画面上的文字，再点击 From Clipboard，便自动以 TXT 形式拷贝到本机储存区。如图 7.24 所示。

注意事项：只有 iOS5.1 及以上版本方可实现此功能。

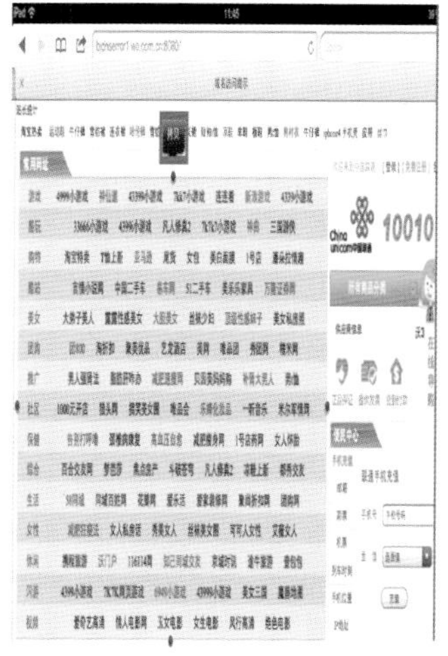

图 7.24　From Clipboard 导入

本机储存区功能三——新增录音模式。

录音完成后，可直接进行播放、复制、移动以及电子邮件发送。录音文件名为默认名称，如果以前有相同的录音文件名称，需要重命名后才可继续录音。如图 7.25 所示。

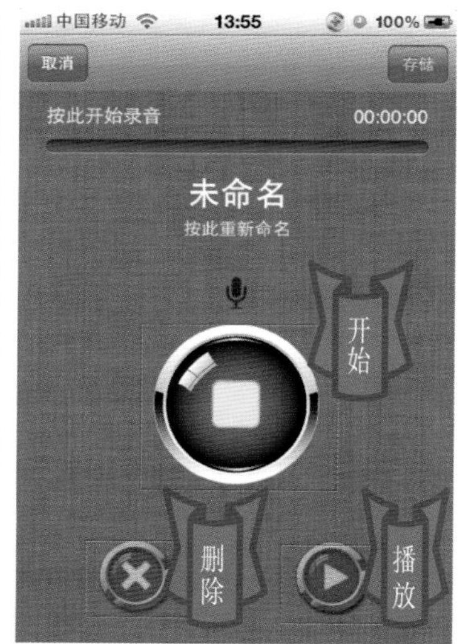

图 7.25　新增录音模式

本机储存区功能四——使用第三方软件。

本机储存区第三方软件使用方法：点击图 7.26 右上角“编辑”，选择需要使用第三方软件的文件并点击右边的指示标，在弹出的对话框中选择打开方式。

由于苹果设备本身的格式支持限制，无法打开更多的文件格式（例如视频），但是使用苹果伴侣 U 盘二代，就能将苹果设备本身无法支持的文件格式导入本机储存区并利用第三方软件打开、浏览、编辑。

本机储存区功能五——邮件附件添加功能。

如图 7.27 所示，在本机储存区，点击“编辑”，选择你要发送的邮件附件，再点击屏幕右下方的“电子邮件”，添加收件人即可发送附件。

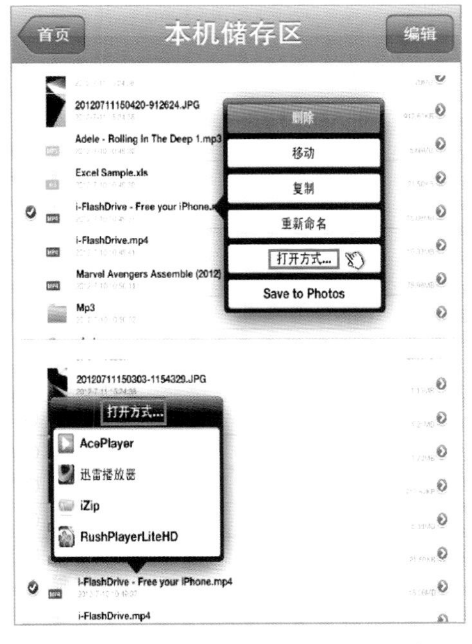

图 7.26　苹果伴侣 U 盘二代操作示意

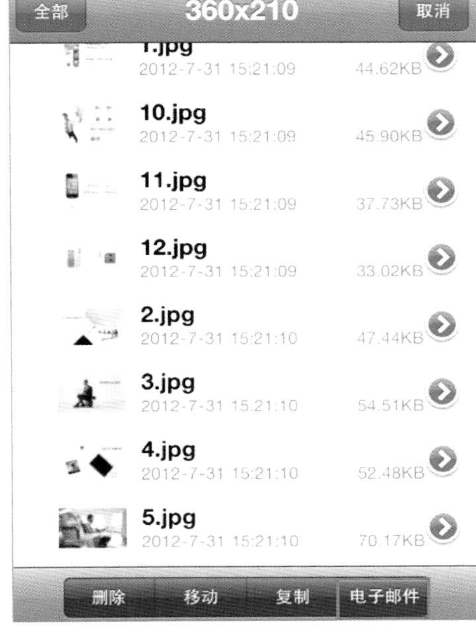

图 7.27　邮件附件添加功能

本机储存区功能六——从本机存储区导入照片、视频到苹果设备中。

①打开本机储存区，点击右上角“编辑”。

②选择要导入到苹果设备中的照片或视频。

③点击图 7.28 中右边的箭头，会出现如右边的对话框，选择 Save to Photos，点击即可将照片或视频导入到苹果设备的照片库中。

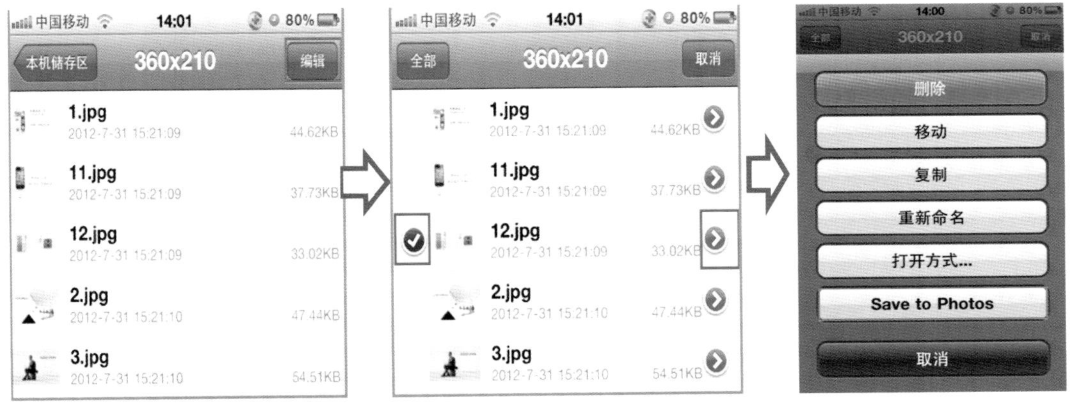

图 7.28　从本机储存区导入照片及视频

（3）打开外部储存区。

点击 i-FlashdriveHD 驱动程序图标，出现外部储存区界面，点击“编辑”即可实现 U 盘内文件的删除、移动、复制（图 7.29）。也可在外部储存区新建文件夹。

图 7.29　打开外部储存区

外部储存区进行数据交换操作步骤一：

把 U 盘照片拷贝至苹果设备照片区，打开外部储存区一张图片，在右下角有个图标，点击它即可把该张图片复制至本机照片库。如图 7.30 所示。

图 7.30　把图片复制至本机照片库

外部储存区数据交换操作步骤二：

外部储存区与本机储存区数据相互交换。

①打开外部储存区，点击右上角“编辑”。

②选中需要进行数据交换的文件，有三个选择：删除、移动、复制。

③移动 / 复制选中文件到本机储存区（可选择放置在本机储存区位置，也可建立新文件夹并把文件放置其中）。如图 7.31 所示。

图 7.31　外部储存区与本机储存区数据相互交换

打开本机储存区，选择文件之后，一般没有电子邮件这一选项。这是因为没有绑定邮箱，需要进入设置—邮件—设置邮箱参数后，才有电子邮件这一选项出现。

当从本机照片库导照片到本机储存区时，如果出现提示“请更改偏好设置”时，就需要苹果终端设备连接到 PC 上，再打开 App Store，进入界面后，点击苹果终端设备，选择恢复原始设置即可。

7.1.5　通过 ICCID 找回 iPhone 的方法

（1）ICCID 相关知识：

ICCID 英文全称为 Integrate Circuit Card Identity，中文学术名为集成电路卡识别码。其固化烧录在手机 SIM 卡中，是手机 SIM 卡的唯一认证码。由 20 个有规则数字组成，格式为：XXXXXX 0MFSS YYGXX XXXXX。前六位运营商代码：中国移动的为 898600；中国联通的为 898601；中国电信 898606。如图 7.32 所示。

从 ICCID 上得到以下两个线索：

① ICCID 的归属地，就是目前手机用户的位置；

② ICCID 的运营商，是移动、电信，还是联通。

序列号： DX3JCH■■MW	初始激活策略 ID： 252
MEID:	激活策略说明： China Apple Channel Default activation policy
IMEI： 0131330■■706	应用激活策略 ID： 252
零件说明： IPHONE 4 8GB WHITE	应用激活策略说明： China Apple Channel Default activation policy
产品版本： 6.0.X	下次接入策略 ID： 252
上次恢复日期：	下次接入激活策略说明： China Apple Channel Default activation policy
Bluetooth MAC 地址： 6C3E■■D560	首次解砖日期： 12-9-15
MAC 地址： 6C3E■■561	上次解砖日期： 12-9-15
ICC ID: 8986■■075613260	已解砖： true
	已解锁： true
	解锁日期： 12-9-15

图 7.32　ICCID 相关知识

（2）查询 ICCID 的方法：

可通过淘宝商户或运营商查询到 ICCID，然后将 ICCID 号转换成手机号码，只有知道了手机号码才能知道丢失的 iPhone 的位置。

（3）查询手机号主资料：

通过 ICCID，可通过运营商客服查询对方手机号码，查看号主资料。但是前提是这个卡号是实名制，否则查来的信息就没有参考价值。

（4）流程总结：

iPhone 丢失 ⟶ 提供序列号或 IMEI（国际移动设备身份码）查询 ICCID ⟶ 利用 ICCID 查询手机号 ⟶ 利用手机号查询相关号主资料 ⟶ 警方介入拿回手机。

（5）找回过程可能会碰到问题：

①查询的 ICCID 没有变化。

这种情况就是手机丢失后还没被刷机，激活的 SIM 卡还是原来的卡，导致了查询的 ICCID 仍然是原来的。要避免这种情况需要在丢失后第一时间补办电话卡，避免被人利用丢失手机里的手机卡进行刷机激活。补办卡之后，对方还迟迟没有刷机，如果有 iCloud，可以利用 iCloud 发送锁机命令，让 iPhone 锁定，逼迫对方刷机，这样刷机后就可以拿到最新激活 iPhone 的手机卡资料。

②查询不到我的 ICCID。

对方刷机激活手机的卡并非购自大陆运营商。

7.1.6　使用技巧

7.1.6.1　不越狱也能免费安装软件

快用苹果助手是一款不越狱也能免费安装应用的软件。在计算机浏览器上打开 http：//www.kuaiyong.com 网址，下载并安装快用苹果助手软件，安装过程很简单，正确选择安装目录后，点击下一步就能完成安装。

使用快用苹果助手软件和下载一样的简单，只需搜索、下载、安装几步（图 7.33）就能把想要的应用软件安装到未越狱的 iOS 设备中，完全不依赖 iTunes，也不需要输入 Apple ID 认证账号。

图 7.33　搜索、下载、自动安装软件

建议在“高级”——“系统设置”——“个性化选项”中开启“智能控制”和“自动安装”功能，这样就不会将适用于 iPhone 的小屏应用软件安装到 iPad 上了，同时只要应用软件下载完成就会自动安装到用户的 iOS 设备中，如图 7.34 所示。

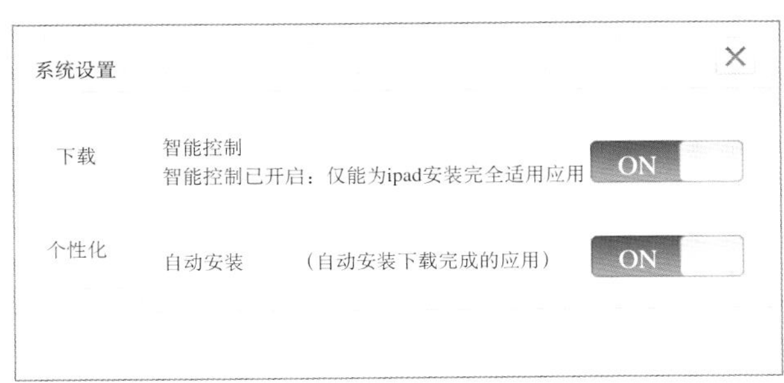

图 7.34　开启“智能控制”和“自动安装”

该软件的工作原理是利用某个开发者账号购买应用软件，再通过自制证书安装到未越狱设备上，类似于企业应用商店。虽然现有应用没有越狱商店丰富，但大部分常用的收费应用软件都可以找到。另外，可通过许愿功能将软件需求告知开发商。如图 7.35 所示。

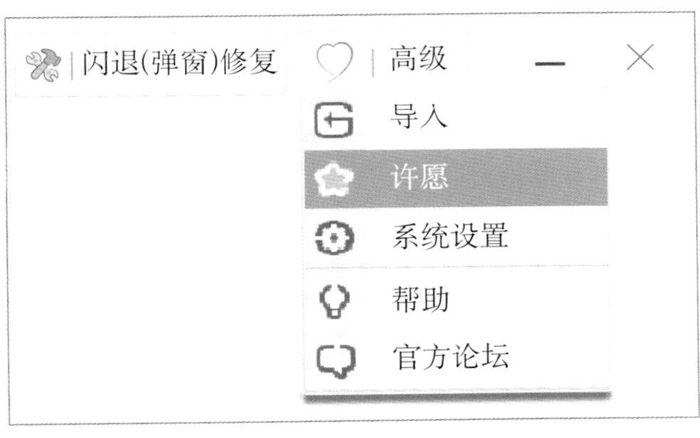

图 7.35　许愿菜单功能

关于《苹果快用助手使用教程》的详细网络教程，链接地址见 http：//www.weiphone.com/iPhone/Company_news/2012-07-25/Free_Prison_Break__431023.shtml。

7.1.6.2　Apple TV3 最简单“越狱”方法

Apple TV3 作为苹果最难破解的设备，一直未被攻破，无法进行“越狱”，但通过修改 DNS 设置能达到“越狱”效果，可观看优酷、土豆、新浪、搜狐等视频源。

Apple TV3 DNS“越狱”方法如下（TV1 代和 TV2 代通用）：

通过遥控器可将 Apple TV 网络设置菜单的 DNS 修改为 210.129.145.150，修改完成后，重新启动，通过“影片”中的“预告片”进入，即可在线观看优酷、土豆、新浪、搜狐的网络视频。以下图例为修改 DNS 过程的步骤展示，主要分为三个大步骤。

第一步，设置 Apple TV 使用国家。点击“设置”，选择“iTunes Store”选项，选择“位置　　United States”，如图 7.36 至图 7.38 所示。

图 7.36　Apple TV 设置

图 7.37　选择 iTunes Store

图 7.38　选择位置“United States

第二步，设置 DNS。点击“设置”，选择“通用”选项，点击“网络”查看当前网络设置，再点击“Wi-Fi”选项，选择可用的无线网络。进入网络设置，将“配置 DNS”模式改为“手动”，点击“DNS”栏目后输入“210.129.145.150”，点击“完成”。如图 7.39 至图 7.45 所示。

图 7.39　选择通用选项

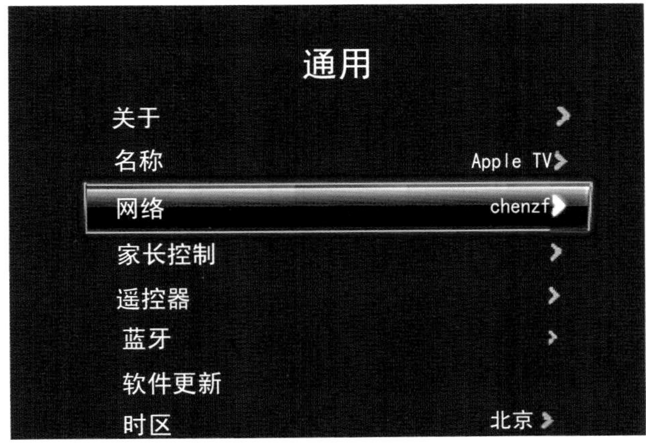

图 7.40　选择网络选项

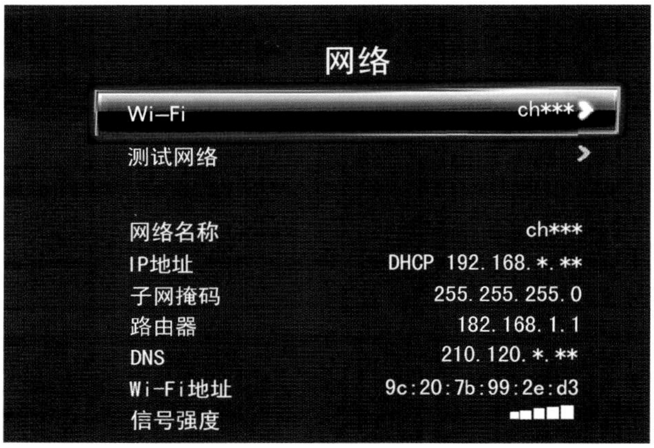

图 7.41　选择 Wi-Fi

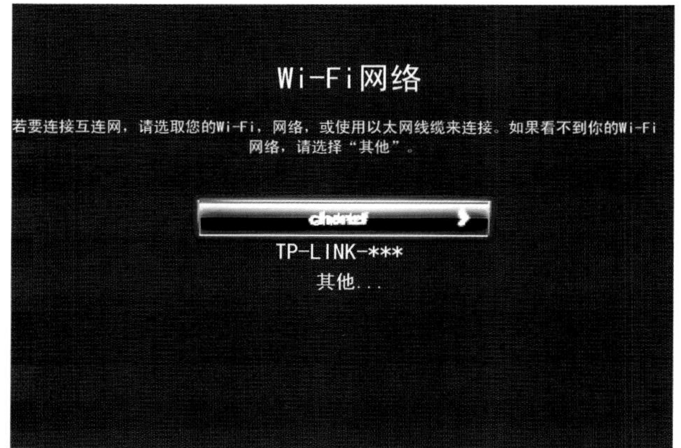

图 7.42　选择可用无线网络

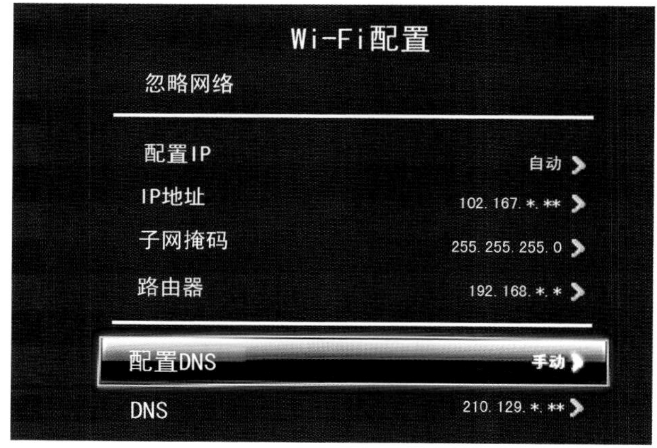

图 7.43　选择配置 DNS 为“手动”模式

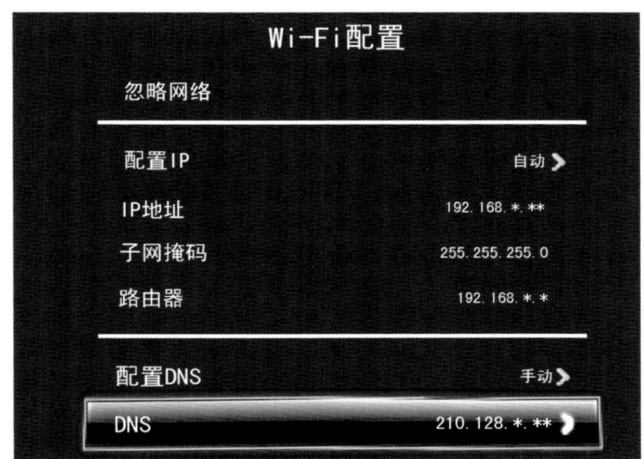

图 7.44　点击 DNS 进行配置

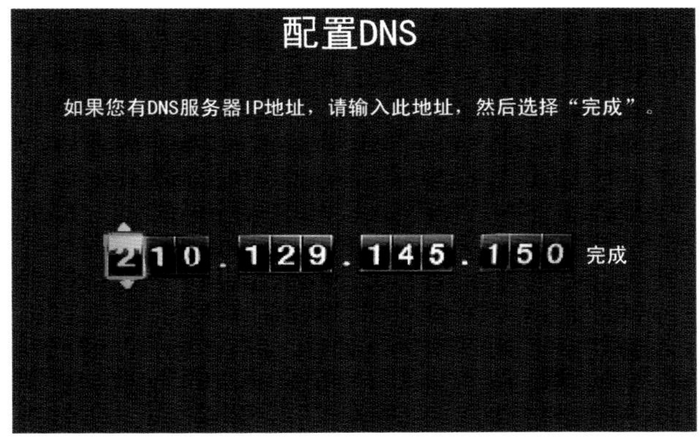

图 7.45　完成配置 DNS

第三步，观看网络视频。当完成第一步和第二步的设置后，返回首页选择“预告片”，进行网络视频源的自由观看。如图 7.46 和图 7.47 所示。

图 7.46　选择预告片

图 7.47　观看优酷、土豆、搜狐的视频聚合

7.1.6.3　如何把 iPhone4 变成一个 Wi-Fi 无线路由器

出门在外拿着笔记本想上网工作或消遣的时候，附近却找不到免费的 Wi-Fi 无线网络。其实有了 iPhone 4（4S/5）手机，就有了无线 Wi-Fi。在没有 Wi-Fi 网络但有 3G 信号覆盖区域的时候，开启“个人热点”功能，适当配置设置之后，笔记本、iPad、具备 Wi-Fi 功能手机或其他具备 Wi-Fi 功能的设备就能共享无线网络。允许最多 5 台设备通过 Wi-Fi、蓝牙、USB 同时分享网络连接，不会有过度的耗电。不用网络时，iPhone 会自动检测个人无线热点是否处于闲置状态，如果是闲置状态会自动关闭。

要使用“个人热点”功能，前提有三点：（1）用户 iPhone 手机固件版本是 iOS 4.3 或 iOS 4.3 以上版本。（2）使用的是 3G 号码。（3）使用的时候确保使用地点有 3G 信号覆盖。如果手机固件版本低于 iOS 4.3，就必须先把版本升级到最新版本才可以使用“个人热点”功能。那么如何知道手机固件版本呢？点击设置，可参阅图 7.48 至图 7.51 所示。

图 7.48　手机固件版本查看步骤

图 7.49 选择通用

图 7.50 选择关于本机

图 7.51 查看版本信息

如果版本在 4.3 或以上，就可以通过以下步骤来开启个人热点功能。

第一步，点击进入 iPhone 手机的“设置”功能。如图 7.52 所示。

第二步，进入“设置”后选择“个人热点”功能，点击进入。如图 7.53 所示。

图 7.52　点击设置

图 7.53　进入个人热点功能

第三步，打开“个人热点”开关。如图 7.54 所示。

图 7.54　打开个人热点

第四步，选择“打开无线局域网和蓝牙”。不一样的固件版本，跳出窗口可能有点区别，总之选择“打开无线局域网”就可以。如图 7.55 所示。

图 7.55　打开无线局域网和蓝牙

第五步，设置“无线网络密码”，设置一个自己好记的密码。如图 7.56 和图 7.57 所示。

图 7.56　设置无线密码

图 7.57　输入密码

通过以上 5 个步骤的设置，带无线网卡的笔记本、iPad 或其他带 Wi-Fi 功能的手机等就可以搜索到 iPhone 手机发出的无线信号了。对方在知道密码后，就可以满足 5 人同时使用手机发送的 Wi-Fi 网络，各方所用的上网流量是发射 Wi-Fi 的手机流量。

7.1.6.4　如何让 Android 手机变无线 AP

只要有一款 Android 智能手机具有 3G 卡，那么就可以在 1 ~ 2min 内完成设置，变身一个 Wi-Fi 网络，供用户安全便捷地使用。以三星 I9022 手机为例，只需要 4 个步骤就可以实现。

第一步，打开装有 3G 卡的手机，点击主界面的应用程序图标（图 7.58），然后点击设定（图 7.59）。

图 7.58　主界面选择应用程序

图 7.59　进入设定界面

第二步，点击进入无线和网络（图 7.60），然后点击网络分享和便携式热点（图 7.61）。

第三步，点击便携式 WLAN 热点（图 7.62），然后出现图 7.63 所示的界面，点击“确定”，此时网络搭建完成。

第四步，如果不设密码，则不需要经过这一步。建议设定密码，点击配置便携式 WLAN 热点，如图 7.64 所示，然后出现图 7.65 所示的界面，用户可以作为管理员任意设定网络用户名、密码、储存（显示密码可选也可不选，若不选密码将隐藏）。此时，无线网络就建立起来了。

图 7.60　无线和网络

图 7.61　网络分享和便携式热点

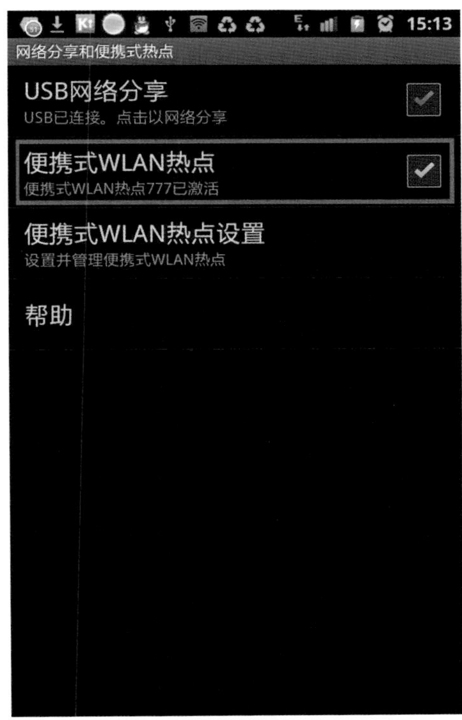

图 7.62　便携式 WLAN 热点界面

图 7.63　连接便携式 WLAN 热点界面

图 7.64　配置界面

图 7.65　设置用户名密码设定界面

通过以上 4 个步骤的设置，带无线网卡的笔记本或其他带 Wi-Fi 功能的手机就可以搜索到该手机发出的无线 Wi-Fi 信号了。

7.1.6.5　如何用 iPad 收发公司电子邮件

收发电子邮件和一般的电脑收发电子邮件一样，有两种方式，客户端方式和 Web 方式。由于目前的邮件系统没有专门的 iPad Web 页面，用一般的 Web 方式收发邮件存在浏览器兼容性问题，建议使用 iPad 自带的邮件收发工具，即通过客户端方式收发邮件。

下面介绍 iPad 自带的邮件收发工具的公司邮件的设置方法。打开“设置” ⟶ “邮件、通讯录、日历”，然后点击“账户—添加账户”，如图 7.66 所示。

图 7.66　添加账户

出现如下页面，选择“Exchange”，如图 7.67 所示。

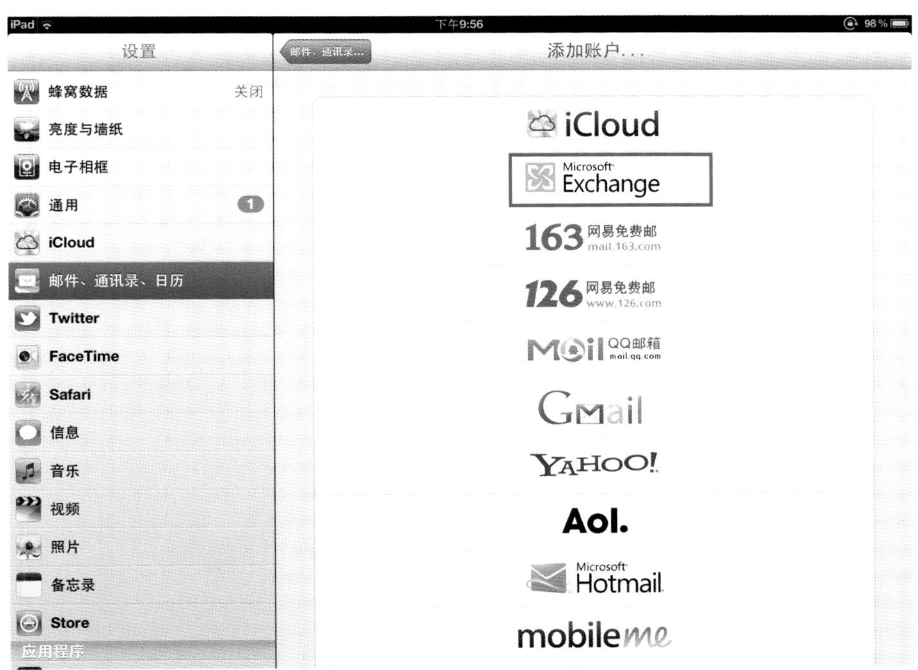

图 7.67　选择“Exchange”

在图 7.68 中将弹出新建 Exchange 页面。下面以某公司内部邮件 my*@****.com.cn 为例说明如何新建邮箱账户。

分别填写电子邮件（my*@***.com.cn）、用户名（my*）、密码（*******），域和描述不需要填写，但电子邮件和密码必须是真实和正确的。

图 7.68　填写邮件地址与密码

点击下一步，出现“正在验证”后，接着出现和图 7.68 类似的图 7.69，服务器一栏填上 mail.****.com.cn，然后点击下一步。

图 7.69　填写服务器

点击“存储”按钮，设置完成。

图 7.70　存储邮件设置信息

完成以上设置步骤，就可以用 iPad 提供的邮件收发工具收发公司邮件了。当然也可用类似步骤添加公网邮件。

如果要修改设置，打开“设置” ⟶ “邮件、通讯录、日历”，然后点击“Exchange”，弹出如图 7.71 所示的“Exchange”按钮即可。在该页面可以修改邮件、通讯录、日历、同步的邮件天数、推送的邮件文件夹配置（图 7.70），还可以删除当前账户（图 7.71）。

注意，删除账号的同时会删除该账号的所有邮件。

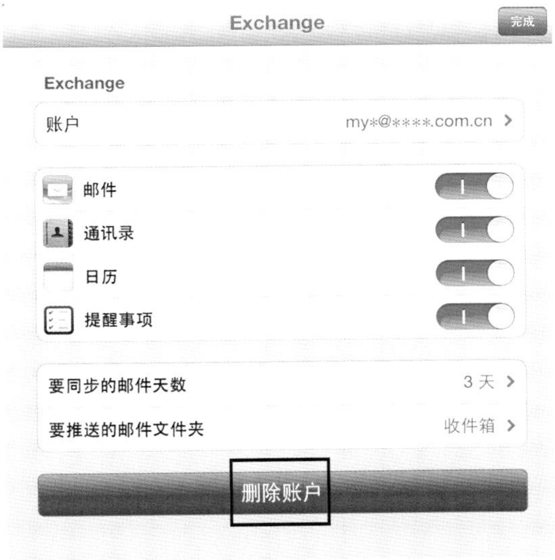

图 7.71　删除账户

在主页面中点击 Mail 就可以收到公司邮件，如图 7.72 所示。

图 7.72　接收邮件

不同公司的内部电子邮件描述和服务器略有不同，需要按需设置。

7.1.6.6　代理服务器设置技巧

企业内部网络（下文简称内网），基于安全性考虑一般不能直接访问外部网络，而是在内部设立代理服务器，中转客户端的访问请求，从而实现访问外部网络（下文简称外网，如互联网）。

iOS 设定代理服务器的方法很简单，在“设置” ⟶ Wi-Fi，点击已连接的网络名称（SSID），进入详细设定页，将 HTTP 代理由关闭状态切换为手动状态，并填入服务器、端口等信息（真实信息），代理服务器即设置完毕，此时打开 Safari 即可访问外网。

但手工设置代理服务器后会发现，由于客户端请求全部经由代理中转，一些原本可以访问的内网地址却不能访问了，如需要访问还要将 HTTP 代理切换为关闭状态，十分不方便。通过以下设置技巧可以做到无需切换，同时访问内网和外网，其核心是利用代理自动配置（PAC）文件。

代理自动配置（PAC）文件，定义了浏览器和其他用户代理如何自动选择适当的代理服务器来访问一个 URL。一个 PAC 文件包含一个 JavaScript 的函数“FindProxyForURL(url，host)”，这个函数返回一个包含一个或多个访问规则的字符串，代理根据这些规则来判断所访问的页面是否需要进行代理或直接访问。当一个代理服务器无法响应的时候，多个访问规则提供了其他的后备访问方法。浏览器在访问其他页面以前，首先访问 PAC 文件，PAC 文件中的 URL 可能是手工配置的，也可能是通过网页的网络代理发现协议（Web Proxy Autodiscovery Protocol）自动配置的。

使用 PAC 的前提是内网有一个 Web 服务器（例如 IIS），并且能把 PAC 文件上传，使得内网用户可以访问到它。利用 Http File Server 可以很容易在本地建立一个这样的服务器。以下为创建一个 PAC 文件的例子。

```
// 此行定义了代理服务器的协议、地址及端口，请改为具体的 ip 地址及端口号
var proxy = "PROXY xx.xx.xx.xx : xxxx"
    function regExpMatch (url, pattern) {
        try{return new RegExp (pattern) .test (url) ; }catch (ex) {return false; }
    }
    function FindProxyForURL (url, host) {
        if (shExpMatch (url, 'mycompany')) return 'DIRECT' ;
        if (shExpMatch (url, '10.')) return 'DIRECT' ;
        if (shExpMatch (url, 'local')) return 'DIRECT' ;
        return proxy;
    }
```

复制以上代码，粘贴到记事本按需修改后保存为 myproxy.pac，一个 PAC 文件就创建完成了。假设服务器地址为 http：//192.168.1.1，开放端口为 8080，将 PAC 文件上传到任意位置（根目录），通过手机浏览器直接访问 http：//192.168.1.1：8080/myproxy.pac，如果能看到脚本内容即表示设置成功。此时进入 Wi-Fi 详细设置，将 HTTP 代理切换到自动状态，并在 URL 中填入 PAC 文件地址，此时再打开自带的 Safari 浏览器就可以同时访问内网和外网了。

该方法也同样适用于 PC 浏览器，以 IE 浏览器为例，在"工具"⟶Internet"选项"⟶"连接"⟶"局域网设置"⟶"使用自动配置脚本"中填入 PAC 文件地址即可。

7.1.6.7　讯飞语音输入法

讯飞语音输入法是由安徽科大讯飞信息科技股份有限公司推出的一款手机输入法，是全球基于"云计算"方式实现的智能语音输入法。软件集语音、手写、键盘输入于一体，不仅具有强大的语音识别效果，而且可以在同一界面实现多种输入方式平滑切换，符合用户使用习惯，大大提升了手机输入速度，使用更加方便快捷。

使用方法如下：

（1）下载讯飞语音输入法。

登录 http：//ime.voicecloud.cn/download.aspx 网站或其他下载网站，搜索适合自己移动终端的软件，目前此输入法支持 iPhone、Android 手机、Android Pad 和 Symbian 系统。

（2）启用输入法。

① iPhone 设置。

步骤 1：iPhone 主界面⟶【设置（Setting)】⟶【通用（General)】⟶【键盘（Keyboard)】⟶【国际键盘（International Keyboard)】⟶【添加新键盘】；

步骤 2：在列表中点击选中"讯飞输入法"；

步骤 3：进行文本输入时，点击或长按输入法面板上的地球键，切换至讯飞输入法。

② Android 设置。

方法一：进入手机的"全部应用程序"，找到"讯飞语音输入法"图标，点击"讯飞语音输入法"图标进入输入法设置界面。如图 7.73 和图 7.74 所示。

图 7.73　进入输入法设置界面 1

图 7.74　进入输入法设置界面 2

按照讯飞语音输入法配置向导一步一步进行设置直到配置完成。

方法二：进入手机“设置”界面，选择“语言和键盘”选项，找到讯飞语音输入法，勾选即可启动讯飞语音输入法；长按文字输入区域，弹出“编辑文本”菜单，点击输入法，选中讯飞语音输入法，即可将当前的输入法切换为讯飞输入法。如图 7.75 所示。

图 7.75　输入法切换

(3) 使用讯飞输入法进行输入。

使用讯飞输入法可以选择拼音输入、手写输入和语音输入 3 种方式。

①拼音输入：类似于其他常用的输入法，支持全拼、简拼、部分拼音以及模糊拼音输入。

②手写输入：讯飞输入法支持在键盘上直接手写汉字、字母、数字、符号，如图 7.76 所示。

图 7.76 手写输入

③语音输入：点击 键，进入语音输入对话框，开启语音输入。如图 7.77 所示。

图 7.77 语音输入

在此界面，尽量用普通话（否则可能不识别）说出想输入的内容，系统采取流式识别及语音端点智能检测的策略，分次给出识别结果，并智能结束语音输入，也可以点击“说完了”按钮来结束语音输入，中途想取消此次语音识别可以点击“取消”按钮。

7.2 安卓设备使用

7.2.1 基本操作

(1) 安卓系统基本按钮的使用方式。

电源键——一般位于设备的右上角或右上侧，用于开关手机或开关屏幕。长按此键可以快速切换振动、静音、飞行模式或开关移动网络等功能。

主页键——快速切换到主屏幕。长按此键可以查看最近运行的程序。

菜单键——弹出相关的菜单选项。长按此键可以快速打开 / 关闭输入法。

返回键——返回到上一个页面，或退回上一步操作。

搜索键——快速打开搜索界面。

以上 4 个键一般位于手机屏幕的下方。

(2) 安卓系统桌面管理。

①添加桌面图标：

进入菜单界面找到想要建立桌面快捷方式的程序，按住图标不放，感到振动一下之后，图标即可移动，然后把图标拖动到想要摆放的位置松手（操作期间需按定图标不放）。

②删除桌面图标：

按住桌面上要删除的图标，感到“振动”一下就可以移动图标了，只要把它拖至屏幕下方的“三角区域”就可以了，这时候图标就变成了红色，“三角区域”也变成了一个红色的垃圾桶。此时松开图标，目标即可删除。

(3) 安卓系统锁屏功能。

依次选择“设置”、“安全”、“设置屏幕锁定”、“图案”、“PIN 或密码”，重启后设置生效。

(4) 电话功能。

①拨打电话：点击屏幕主页上的电话图标（一般是绿色背景下有个话筒的图标，位于左下角），在拨号键盘上输入对方号码，之后再次按下电话图标，就可以拨打电话了。

②通话记录逐条删除：进入通话记录界面 ⟶ 选择需要删除通话记录 ⟶ 长按记录，出现快捷键 ⟶ 选择“从通话记录中删除”功能。

③保存通话记录联系人信息：进入通话记录界面 ⟶ 选择需要保存通话记录 ⟶ 长按记录，出现快捷键 ⟶ 选择“添加到联系人”按钮或直接进入通话记录条目，选择“添加到联系人”功能。

(5) 短信功能。

整个信息按照联系人来排序，排序规则为先数字，再英文字母，最后汉字拼音；信息按照行会话式排列，方便用户了解整个信息沟通的历史信息。

①发送彩信：新建信息 ⟶ 点击菜单键，选择“附加”功能 ⟶ 选择需要附加的内容。

②更换短信提醒音：进入信息界面 ⟶ 点击菜单键，选择“设置”功能 ⟶ 选择“选择铃声”功能。

③转发信息：进入信息界面 ⟶ 选择信息 ⟶ 长按信息，出现快捷键 ⟶ 选择“转发”功能。

④查看信息详情：进入信息界面 ⟶ 选择信息 ⟶ 长按信息，出现快捷键 ⟶ 选择“查看详情”功能。

⑤删除信息会话中某条具体信息：进入信息界面 ⟶ 选择信息 ⟶ 长按信息，出现快捷键 ⟶ 选择“删除”功能。

⑥查看未读信息：在主界面屏幕顶部按住，然后往下拉，便可以看到“未读信息”。

(6) 安卓系统飞行模式。

长按电源键按钮，或者选择“设置” ⟶ 选择“无线和网络” ⟶ 勾选“飞行模式”功能。

(7) 安卓系统恢复出厂设置。

选择“设置” ⟶ 选择“SD 卡和手机存储” ⟶ 选择“恢复出厂设置”。

(8) 安卓系统的网络传输。

① Wi-Fi。

点击安卓手机主屏幕菜单，依次点击“设置” ⟶ “无线和网络” ⟶ “WLAN 设置” ⟶ “打开 WLAN”，在窗口中勾上“WLAN”选项，此时在“WLAN 网络”窗格下会列示已经搜索到的无线网络，选中一个并输入密码（如果需要的话），再点击“连接”按钮，获取 IP 地址后即可连接网络，如出现故障或需进行 WPS（Wi-Fi Protected Setup，Wi-Fi 安全防护设定）设置则最好联系网络管理员。禁用 WLAN 时，只需将之前勾上的“WLAN”取消即可。

②蓝牙。

以安卓手机为例，打开菜单“设置 / 无线和网络”，勾上“蓝牙”选项，点击“扫描查找设备”，在“蓝牙设备”下将列示已经搜索到的蓝牙设备，点击其中一个并输入密码（如果需要的话）后即可连接对方设备。禁用蓝牙功能时，只需将之前勾上的“蓝牙”取消，或在手机界面中蓝牙图标点击取消即可。

③近距离无线通信技术。

移动智能终端首先要支持 NFC 功能，已经配置 NFC 天线、NFC 芯片和相关软件。不同的手机在使用的过程中可能略有不同，但具体的操作步骤类似：

a. 使用时，两个终端首先开启 NFC 功能，勾上“网络分享和便携式热点 /NFC”，把两部手机放到一起保持距离在 10cm 之内，并相互对准 NFC 监测区域，如图 7.78 所示。

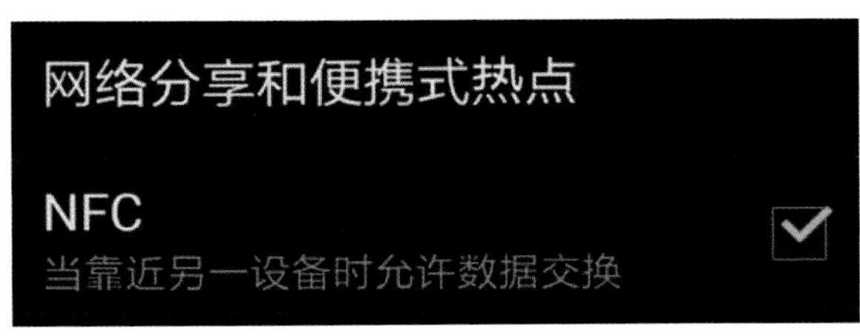

图 7.78　开启 NFC 功能

b. 选择要发送的内容，如发送歌曲时，点击媒体库或音乐文件，您会发现一部手机发出提示音，另一部手机的界面缩小，只要轻敲屏幕，应用程序便可判定无线传输的内容，如图 7.79 所示。

当该功能开启时，您可通过将设备紧靠在一起将文件无线传输至其他 NFC 和 WLAN直连 设备。例如，您可无线传输来自图库的图片/视频文件、来自音乐播放器的音乐文件，以及更多。只需要将设备放在一起（通常背对背）然后轻敲您的屏幕。应用程序判定无线传输的内容

图 7.79　通过 NFC 发送文件

图 7.80　通过 NFC 接收文件

c. 点击其中一个缩小的界面，此时另一部手机会接收刚才那一部手机发送的文件。当文件进行传输之后，两部手机就可以分开了，如图 7.80 所示。

7.2.2　豌豆荚

（1）安装。

豌豆荚是一款基于 Android 系统的手机或平板电脑管理软件，具有备份 / 恢复重要资料、通讯录资料管理、短信管理、应用程序管理，以及音乐下载、视频下载与管理等功能。

使用者可登录豌豆荚官方网站 www.wandoujia.com 下载最新版本安装程序进行安装。

（2）连接 Android 设备。

使用豌豆荚连接 Android 手机或平板电脑前，需要此设备开启 USB 调试功能，开启方法如图 7.81 所示。

1. 选择「设置」,进入系统设置菜单；
2. 选择「应用程序」选项；
3. 选择「开发」选项；
4. 勾选「USB 调试」。

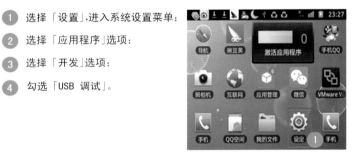

图 7.81　开启 USB 调试功能

USB 调试功能开启后，通过数据线将 Android 手机或平板电脑与电脑相连，打开豌豆荚，此时豌豆荚会自动根据当前连接的 Android 设备下载并安装驱动程序。驱动程序自动安装完毕后，进入欢迎页面。如图 7.82 所示。在此页面中可对 Android 设备进行整体备份和数据恢复操作，只需点击“备份”和“恢复”按钮即可完成。另外，在此页中还可以通过点击“SD 卡管理”按钮来管理 SD 卡中的文件。

图 7.82　与电脑相连

（3）通讯录管理。

在通讯录管理页面中，可实现新建联系人、删除、合并、导入、导出等功能，如图 7.83 所示。新建联系人的方式与通过手机添加联系人的方式类似。删除联系人时，可一次性选择多个联系人，再执行删除命令，操作简单方便。导入和导出功能中的“导出功能”，可以把手机中通讯录导出至本地电脑，有效避免手机损坏丢失等情况下丢失联系人；“导入功能”可将电脑中联系人导入到手机中，方便增减人员。建议使用者对联系人数据定期做好备份。

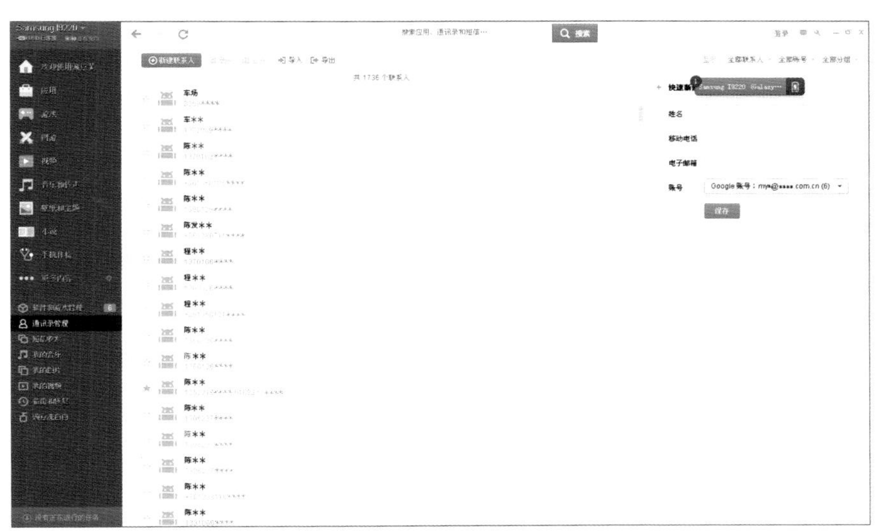

图 7.83　通讯录管理

①导出联系人。

选择要导出的联系人，点击导出按钮，按提示选择导出格式，有4种导出格式（图7.84），用户可根据实际需要进行选择。

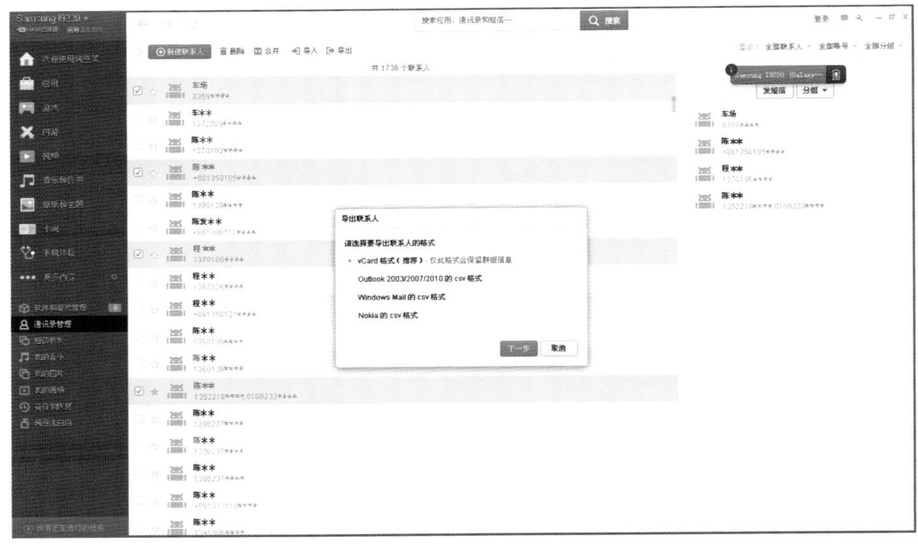

图 7.84　导出联系人

②导入联系人。

当用户需要将电脑中的联系人资料导入至手机时，只需点击“导入”按钮，然后从电脑中选择之前导出过的文件，就可以轻松完成联系人信息的还原。

（4）短信管理。

在短信管理页面中，可直接通过豌豆荚编辑并发送短信、删除短信，导出短信内容至电脑以及从电脑上导入短信（图7.85），操作方法与联系人页面的操作方法相同。

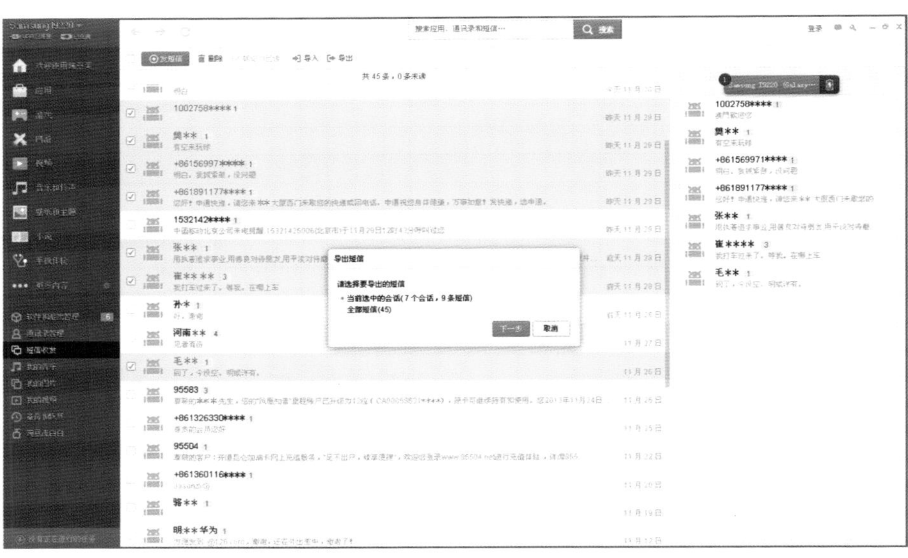

图 7.85　短信管理

（5）应用管理。

用户可在此页面中管理已安装的应用程序（图 7.86），如自动检测应用程序是否存在更新版本并提示用户进行升级，卸载应用程序、将应用程序导出或转移等。另外，用户还可以通过“安装新应用”按钮将电脑中已存在的 apk 文件安装到移动设备中。如图 7.87 所示。

图 7.86　已安装的应用程序

图 7.87　安装新应用

（6）音乐、铃声、视频、图片管理。

豌豆荚可以轻松实现对音乐、铃声、视频和图片的管理（图 7.88），如添加、删除、导出等操作。操作方法简单，而且满足用户的需要。

图 7.88　音乐、铃声、视频、图片管理

7.2.3　91 助手

91 手机助手（For Android）可帮助用户快速简单地对手机进行资料管理及相关设置。无论是 Android 系统手机的初级用户，还是经验丰富的手机玩家，91 手机助手都是理想的选择。

（1）安装 91 手机助手。

下载 91 手机助手，双击安装文件并根据提示进行安装。如图 7.89 所示。

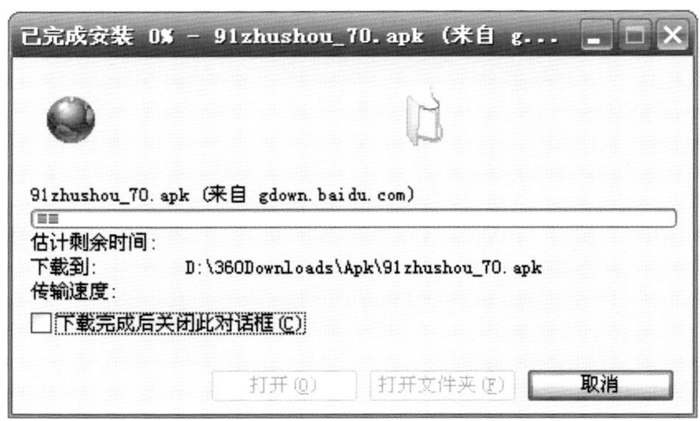

图 7.89　安装

（2）连接识别手机。

91 手机助手软件集成了一些常用手机驱动，可以帮用户自动安装连接 PC。用数据线将手机和计算机相连，打开 91 手机助手，此时计算机屏幕会提示安装驱动程序（图 7.90），选择相应程序，点击下一步进行安装。若已安装过手机驱动程序，则自动跳过此步。

图 7.90　连接手机

正确安装驱动之后，91 手机助手会自动识别手机。第一次使用 91 手机助手时，可以单击图 7.91 红框中的未登录，通过 91 通行证账号来登录。91 账号可以保存用户网络备份信息，支付下载壁纸、主题等资源。如果不登录，也同样可以正常使用 91 手机助手的各项功能。

图 7.91　登录页面

（3）开始界面。

91 手机助手的主界面考虑了用户使用习惯及界面排版，按页面归类划分为如下 7 部分：

①系统相关，点击可以查看系统选项、语言选择以及检查更新选择等。

② 91 手机助手功能分类标签页选项按钮，点击各个按钮可快速进入不同功能分类，这里包含了 91 手机助手的所有功能。

③快捷菜单，罗列了使用最频繁的几项功能，包含“程序管理”、“主题管理”、“影音管理”、“电子书”、“文件管理”、“短信聊天”等 6 项功能。

④快捷资讯，提供 91 手机平台最新资讯信息，有热点、资讯、游戏、软件、论坛等内容。

⑤ 91 通行证账号以及积分显示。

⑥连接与否，此区域将会提示手机是否与 91 手机助手连接成功。

⑦软件、电影、游戏推荐板块，为用户提供更多实用的软件、精彩的电影、好玩的游戏。

（4）快捷功能。

模块 3 为快捷功能，它将软件中最常使用的几项功能从软件其他分类中抽取出来，整合在一起，让用户能以最快的速度找到自己所需要的功能。快捷菜单分成 6 部分，分别为程序管理、主题管理、影音管理、电子书、文件管理、短信聊天。

（5）资料管理。

在资料管理界面，所有与手机有关的资料管理功能均可在此找到。按照界面排布方式，可归类分为 10 个部分，分别为联系人、短信管理、日程管理、待办事项、邮箱管理、记事本、电子书、通话记录、书签管理、闹钟管理。

（6）系统维护。

与 91 手机助手的资料管理类似，Android 系统有关的系统维护功能均被集成在 91 手机助手的系统维护选项卡内。当中包含了重装守护程序、备份 / 还原、一键转机、手机设置、文件管理、程序管理、图片编辑、归属地查询等 8 大功能。

（7）媒体娱乐。

媒体娱乐部分主要包含了多媒体及娱乐功能，如手机壁纸管理、铃声管理、屏幕截屏、全屏演示、音乐管理、图片管理、主题管理、影音管理等。通过媒体娱乐功能，可以对 Android 手机的壁纸、铃声进行更换，下载最新的主题和影音，还能对手机屏幕进行截图以及和 PC 同步演示。

（8）游戏频道。

可以查看下载 91 手机网站上最新的手机游戏，其中包括了手机单机游戏、手机网游以及流行好玩的网页游戏。下载完的游戏可以在程序管理功能内快速安装和卸载。

（9）任务管理。

管理 91 手机助手进行的各项任务，包括所有资源的正在进行和已经完成的任务。窗口下方显示手机空间和内存空间的使用情况，不同类型的文件以不同颜色代表，非常直观。

7.2.4 应用商店

谷歌电子市场分为客户端版和网页版两个版本。目前 Google 已经将 Android Market 电子市场统一升级更名为 Google Play Store，并且启用了全新域名（https：//play.google.com/store）作为网页版电子市场的主页（图 7.92），同时 Android 手机的官方电子市场客户端也进行了升级，并更名为 Play 商店（Play Store）。

图 7.92　网页版电子市场

用户可以在搜索栏搜索软件、游戏，也可以在页面的软件列表区选择自己感兴趣的程序，点击之后即可进入详情页面。如图 7.93 所示。

图 7.93　软件详情

在软件详情页面，用户可以找到很多与软件相关的详细信息，比如当前软件的更新日期、当前版本、文件大小以及评分，同时还可以了解到当前软件的文字介绍以及网友评论等内容，为软件下载做一个参考。如果用户从未安装过当前软件，页面左上方就会显示出安装按钮；如果曾经安装过这款软件就会显示“已安装”，但点击之后也可以进行重新安装。

在点击“安装”或者“已安装”之后就会弹出以上界面，用户在这里可以选择已经绑定当前账号的 Android 终端设备。接下来的工作将在手机中自动下载安装完成。

7.2.5 热点推荐

（1）安卓优化大师。

安卓优化大师可完成手机体检、程序管理、安装卸载、进程管理、垃圾清理、文件管理、节电管理、快捷设置等功能。特别是节电管理及快捷设置两个模块，充电的时候用节电管理，能有效维护电池，对于大屏幕来说很实用及省电。快捷设置模块可以在桌面建立文件夹，对各个程序进行分类管理，比如常用、工作、游戏软件分别归类。

（2）“我查查”。

“我查查”手机扫描条形码软件比较实用，用户可以下载网页上的软件游戏，比如查询火车票等具有二维码的商品信息，还可以对比各商家同一商品的不同价格。

（3）“百阅”电子书阅读。

百阅的字体大小、亮度、背景颜色等都可以根据用户爱好进行更改，还可以对文字添加下划线、开启隔行换色和夜间模式，有效缓解视疲劳。

（4）“微信”。

微信可以添加 QQ 好友，手机通讯录好友、周边 1000 m 左右的人、同城的人等，前提是对方也需开通微信。对好友进行文字交流、语音交流、视频交流等，其处理速度快，没有在线不在线限制，使用语音对讲还可以省电话费。微信除了聊天通信之外，还具有扫描二维码功能。

（5）音乐“天天动听”。

主要用于音乐播放，联网后自动下载歌词及图片，此软件可以定时关闭。

（6）UC 浏览器。

UC 浏览器是一款把“互联网装入口袋”的主流手机浏览器，兼备 CMNET 和 CMWAP 联网方式，速度快而稳定，具有视频播放、网站导航、搜索、下载、个人数据管理等功能，功能强大且方便。

7.2.6 使用技巧

安卓操作系统的用户接口和交互经过多年发展已经非常人性化，但是有些操作和使用还是让很多刚接触的新用户感到困惑。推荐以下安卓系统的实用技巧供用户参考，大部分针对安卓 2.1 及以上系统，不过绝大部分在其他版本的安卓系统上同样适用。

（1）使用安卓电源管理。

安卓 2.1 及以上版本的系统内置了一个非常强大的带源管理 Widgets 程序，通过它可以快速开启或者关闭 Wi-Fi、蓝牙、GPS，同步，设定手机屏幕亮度等。

（2）为每个联系人定制铃声。

可以为朋友或者家人设置单独的铃声，这样听到铃声就知道是谁来电话了。设置方法点击联系人列表里任意一个用户，然后就可以设置铃声。

（3）用文件夹组织内容。

长按手机屏幕就可以在桌面建立文档夹。

（4）查看系统日期。

安卓新用户可能觉得查看系统日期有点麻烦，其实只要按住屏幕顶部左上方的提醒栏，就会显示今天的日期。

（5）设置键盘快捷方式。

安卓支持大量的键盘快捷键，通过快捷键可以快速调用相关程序，可以依次按“设置”⟶“应用程序”⟶“快速启动栏”设置。

（6）改变安卓浏览器字体。

安卓手机终端千差万别，不同屏幕和分辨率的手机最佳的浏览字体都不同，只需要在浏览器设置里设置合适的字体大小，就可以提高阅读效率。

（7）搜索网页特定内容。

进入浏览器设置，按“更多”，选择“在页面上查找”选项，可以用来搜索网页内容里的特定字段，快速查找相关内容。

（8）下载网页图片。

浏览网页时想保存图片，只要长按图片就可以单独保存，保存的图片可以在相册程序中查看。

（9）管理安卓通话记录。

安卓通话记录非常方便，长按任意一条拨出或者接入电话记录就可以选择删除。

（10）浏览器多功能按钮。

安卓浏览器地址栏有一个多功能的按钮，当网页正在加载时，显示为“X”用来取消载入，一旦页面载入完成后它会变成书签添加和历史记录管理工具，使用起来非常方便。

（11）安卓网页浏览历史记录快捷键。

打开浏览器长按手机返回键就会调出网页浏览历史记录窗口，比使用菜单调用要方便很多。

（12）使用浏览器“卷标页”功能。

PC 上的浏览器“标签页”已经算是基本功能，安卓手机浏览器其实也支持标签页浏览器，只是使用起来稍显复杂：浏览网页时长按一个 URL 就可以选择在新窗口打开，然后使用 Menu 键，再选择窗口选项查看任意卷标页。

（13）在手机主屏添加“热线电话”快捷键。

手机通讯簿可能有数百上千个联系人，但可能 80% 以上的通话对象只是其中的几个人。如果把这几个“热线电话”在桌面建立快捷方式，使用起来会更方便，节省时间。长按手机屏幕空白，选择添加快捷方式，然后选择直接拨打的联系人就可以在安卓手机桌面建立快捷键。

（14）建立常用网站快捷方式。

上面的一条秘籍其实也适合浏览网页。普通情况下即使把经常访问的网站加入书签，也需要先打开浏览器，然后在书签管理接口再选中要访问的那一个。也可以在书签管理里长按一条书签然后选择“添加快捷方式”，这样会在手机主屏建立这个网站的快捷方式图示，点击后会自动调用浏览器程序打开网站访问，和一键拨号一样方便。

（15）快速删除图片。

在手机相册程序里删除图片每次都会跳出确认框，这时候单击 Menu 键可以不需确认删除所有图片，绝对节约时间。

（16）安装一个安卓文档管理器。

文件管理是安卓系统目前最大的一个功能缺失之一，虽然可以使用安卓系统工具完成删除图片或者音乐等操作，但是从安卓 Market 下载一个文件管理软件可以实现在安卓手机管理文档和 PC 上一样高效。

（17）清除手机输入历史。

当想完全清除手机数据的时候往往会忽略这么一条。别忘了在手机“设置” ⟶ “语言和键盘” ⟶ “用户字典”里清除所有的输入历史。

（18）删除那些臃肿的程序。

使用不支持 APP2SD 功能的安卓手机的程序狂人们可能经常面临手机内存不足的窘境，需要删除部分应用程序解放空间。按“设置” ⟶ “应用程序” ⟶ “管理应用程序”即可，可以按 Menu 键按照程序大小排序，优先删除那些占用大量空间的程序。

（19）启动扬声器。

有时候会碰到接听电话时环境太嘈杂听不清楚的情况，在通话接口按 Menu 键然后选择“扬声器”选项，保证能听清，而且周围人也能听清。

（20）删除和某人的整条短信对话。

长按想删除的短信对话列表，然后选择“删除”。

（21）使用自己的图片作壁纸。

拍了一张很棒的风景照，或者想把家人的照片用来作为壁纸，只要长按手机屏幕，选择壁纸，然后选择想用作壁纸的图片就可以完成操作，设置壁纸前甚至可以剪切其中的一块来作为最终的壁纸图片。

（22）安卓系统最新运行的程序行表。

长按 Home 键会调出安卓系统最近运行的程序行表，如果不小心关闭了一个程序，可以用这个办法再次打开使用。

（23）关闭手机动画。

安卓系统各种动画效果虽然可以让手机看起来很酷，不过也会消耗很多电池电量，也会影响手机性能。可以依次按“设置” ⟶ “显示” ⟶ “动画”，勾选关闭项。

（24）安卓系统集成进程管理。

安卓系统其实也有进程查杀的功能，只不过隐藏的非常深。在手机“设置” ⟶ “应用程序”里可以查看正在运行的服务，点击相关进程就可以强行关闭。不过这个功能比起第三方进程管理工具还是不够人性化。

（25）设置手机屏幕充电时不会休眠。

如果不是因为耗电的原因让手机屏幕一直不休眠也是一件不错的事情，特别是手机整夜充电的时候可以借助软件让手机变身为一部电子时钟，既方便随时查看时间，还可以充当小夜灯。在“设置” ⟶ “应用程序” ⟶ “开发”里勾选“保持唤醒状态”选项开启这个功能。

7.3 Windows Phone 设备使用

7.3.1 基本操作

使用 Windows Phone 手机，首先要做的是熟悉手机上的各个按键，只需点按几个按键即可执行各种操作。“开始”按键是手机的重点，无论手机应用在那个页面，按此按键即可立即返回“开始”主屏幕，长按该按键还可以使用“语音”功能。按“搜索”按键可转至 Bing 搜索。按“后退”可返回至前一屏幕，长按该按键可以快速跳转到共享应用。

“开始”屏幕是手机的首页，在这里可以自定义设置，选择符合使用者的风格、将各种项目固定到“开始”屏幕，不仅包括各应用软件，而且包括联系人、群组、房间、地图位置、歌曲、音乐专辑、相册、OneNote 笔记等。对大多数应用来说，若要将其固定到“开始”屏幕，请长按该应用直到显示相应的菜单，或点按“更多”，然后点按“固定到‘开始’屏幕”。

Windows Phone 手机可自定义磁贴，用于显示应用的概览信息，因此，使用者甚至不必访问应用即可了解气温或有多少封电子邮件。如果将联系人固定到“开始”屏幕，则当有来电或消息时，用户就能快速看到，点按两下即可拨出电话、发送短信或电子邮件。

磁贴的大小可以按需调整。长按某磁贴，然后点按“调整大小”箭头以选取大小，使用最小选项可填充更多磁贴，或采用中等大小使动态磁贴显示动态效果。对于某些磁贴，甚至可以使宽度加倍，以显示全景信息。

从“开始”屏幕，只需轻拂即可获取手机上的所有应用。向左轻拂即可查看所有内容，还可转至“设置”来设置闹钟，以及查找要固定的新项目。

没有任何两部手机 Windows Phone 是完全相同的。使用者可以按照自己的风格自定义手机的外观和声音并永远保留这种风格，或随情绪变化随时更改风格。

以下是一些自定义手机的方法。

（1）获取一些应用：可以在手机上或在 Web 上进行下载。有大量应用是免费的，也可以在购买许多付费应用之前进行试用，以便最终确定是否要购买它们。一旦习惯了手机的功能，好多人可能会忘记应用商店的存在，并停止寻找要添加的新项目，这会是一种遗憾，因为应用是一个不断更新的资源。建议大家空闲时进行浏览，以查找某些可供试用的新产品。

（2）选取颜色：选择一种主题颜色，该颜色就会在整个手机中显示——在“开始”屏幕、“应用”列表、消息以及其他位置。还可以选择白色或黑色背景。若要选取主题，请在“应用”列表中点按“设置” ⟶ “主题”，然后点按“主题色”或“背景”。

（3）选择铃声和声音：可以为联系人指定铃声以及为提醒选择声音。只需选取适合品味的啾啾声、叮当声、铃声或歌曲。

（4）锁屏界面：甚至不必解锁手机即可了解最新动态。在锁屏界面上显示的内容包括：

①来电和语音留言；

②短信；

③电子邮件；

④即将到来的日历约定；

⑤您在应用商店获取的某些应用发出的通知。

还可以选取开机时的问候图像：选取喜爱的图像，或显示必应搜索（Bing）中的图像。若要设置选择的锁屏界面，请在“应用”列表中点按“设置”，选择“锁屏界面”。

（5）管理联系人列表：无论 Windows Phone 多么智能，它首先是一部可用于拨打电话的手机，它还可以发送短信、电子邮件、IM、共享内容，并在房间中开始群组聊天。但首先，需要管理好联系人列表。对于账户中的联系人，如果已有了一个在线电子邮件账户，则可能已将联系人存储在该电子邮件账户中，获取手机上联系人的快捷方法是添加用户的电子邮件账户。如果需要添加新联系人，只需点按通话记录中的电话号码，然后点按“保存”即可方便快捷地创建联系人。若要从头开始创建联系人，可在人脉中心联系人列表中点按“添加”。

（6）管理 Microsoft 账户：Microsoft 账户是用户用于登录到 Hotmail、Windows、Messenger、SkyDrive 等服务的电子邮件地址和密码。使用 Microsoft 账户登录并不是必须的，但一旦使用该账户登录，手机的潜力将无限扩展。登录后，可以执行以下操作：

①从 Windows Phone 应用商店下载应用和游戏；

②创建手机设置的备份以防出现意外事件；

③将照片自动上传到 SkyDrive。

7.3.2 应用商店

用户可以用手机、通过 Web 或使用 PC 上的 Zune 软件，甚至可以从 Mac 或 iPad 体验商城购物。

（1）从手机购买。

直接在手机上操作是商城购物的最简便方式。但是，如果不喜欢用手指不停地轻拂，而希望一次查看更多应用，可改用商城的 Web 店面。

①在“开始”屏幕上，点按“商城”。如果出现提示，请使用 Windows Live ID 登录。

②点按“应用”或“游戏”。

③向左或向右轻拂，以查看最热门、最新或最具特色的项目，或者浏览各种类别。当您找到自己需要的应用或游戏后，请点按它。

④如果应用或游戏是免费的，则点按“安装”（可能会提示您两次）进行下载。

⑤否则：点按“购买”支付应用费用（可能会提示您两次）。

点按“试用”下载免费试用版本（如果提供）。注意默认情况下，应用费用会添加到用户手机账单中（如果适用）。若要改用信用卡支付，请在购买确认屏幕上点按“更改付款方式”。

⑥下载应用时，可能需要花费几分钟时间才能完成。可在“应用”列表（在“开始”屏幕上，向左轻拂）中查找新应用。新游戏将显示在游戏中心（在“开始”屏幕上，点按“游戏”）。

（2）使用网络浏览器购买。

可以从任意网络浏览器（包括 Mac 或 iPad 上的 Safari 浏览器）购买应用。

①在 PC 上打开网络浏览器，然后登入 Windows Phone.com。使用手机上所用的同一 Windows Live ID 登录。

②单击“商城”。

③单击“应用”或“游戏”。

④单击某个类别，或者浏览最具特色项目、免费项目、最热门项目或最新项目。当您找到所需的应用或游戏后，请单击它。

⑤如果应用或游戏是免费的，则单击“获取免费的应用”。

⑥否则：单击“购价［价格］”购买应用，单击“免费试用”下载免费试用版本（如果提供）。

⑦如果出现提示，请选择应用交付方法，然后按照提供的步骤完成购买。您可在“应用”列表（在“开始”屏幕上，向左轻拂）中找到新应用，在游戏中心（在“开始”屏幕上，点按“游戏”）找到新游戏。

（3）使用 Zune 软件购买。

通过 PC 的 Zune 软件下载应用。这是商城的旗舰店：可以在这里找到手机专用的应用、游戏、音乐、影片、电视节目和播客。国内用户较少。

使用 Zune 下载游戏应用步骤如下：

①使用 USB 电缆，将您的手机连接到 PC。

②在“开始”菜单上，单击“所有程序”，然后单击“Zune”。

③如果您尚未登录，请单击“登录”，然后输入手机上所用的同一 Windows Live ID。

④单击“商城” ⟶ “应用”。在“设备”下方，单击“Windows Phone”条框。

⑤通过单击“类别”或使用“搜索”框，浏览应用或游戏。

⑥单击您感兴趣的应用，然后单击“免费试用版”或“购买”，试用或者购买应用或游戏。或者，单击“免费”，安装免费的应用。按照屏幕上的说明执行操作。

⑦若要查看手机上的应用和游戏，请断开计算机与手机的连接。新应用将显示在“应用”列表（在“开始”屏幕上，向左轻拂）中。新游戏将显示在游戏中心（在“开始”屏幕上，点按“游戏”）。

7.3.3 使用技巧

（1）Word Flow 键盘类似于联想输入法，能够帮您提高输入效率。

①文字建议：Word Flow 键盘可以预测句子中的下一个单词。用户经过多次写作后，系统会记忆并预测。

②切换语言：添加新的键盘语言后，点按键盘上的语言按键即可快速切换到该语言。

③ .org、.net、.edu：长按 .com 键可显示其他需添加到 Web 或电子邮件地址中的常用扩展名。

④弹出标点符号：长按句号键可查看包含其他常用标点符号的弹出菜单。尝试点按其他键以查找不常用的符号和标点，如外国货币符号或花括号。

⑤拼写帮助：点按拼写错误的文字可查看内置词典中的建议。点按建议便可轻松切换。

（2）语音搜索路线。

①说出路线：需要安装应用商店提供的导航应用。

②点击以在地图上定位：尝试点按网页上的某个街道地址，以便在地图上查看该地址。

③语音告诉手机：使用语音进行搜索，无需输入内容。长按“开始”按键以打开“语音”功能，然后告诉手机希望查找的内容。

（3）移动办公软件套装。

①协作完成文档：正与同事一起处理某个报告或演示文稿，可以使用 SkyDrive 共享该文档，然后将其固定到“开始”屏幕以在标签页上保存最新草稿。

②快速记笔记：使用 OneNote Mobile 创建购物清单或待办事项列表，然后逐个标记，可以同步和共享它们。

③口述笔记：如果没有时间输入笔记，可以使用语音记笔记。长按“开始”按键，然后说“笔记”，接着说出希望记录的内容，例如：“笔记。拿干洗的衣物。”

④将位置固定到“开始”屏幕：将 SkyDrive、SharePoint 或其他文档位置固定到“开始”屏幕以便进行快速访问。在 Office 中心长按某个位置，然后点按“固定到‘开始’屏幕”。

7.4 其他技巧

7.4.1 多号码共享

如今很多人为了工作不影响到生活，都会使用两个及以上手机号码，将工作和生活分开。但是使用多个手机又会很麻烦，这样就需要像“兜宝”这样的手机伴侣，它可以把 iPhone 或者 Android 手机摇身变成双卡双待或三卡三待手机。

（1）产品介绍。

“兜宝”是由上海一个公司生产的，这款产品和一个 MP3 播放器差不多大小，整体比较小巧，便于携带。它是一款小的通信产品，用户可以插入任何 GSM SIM 卡，通过蓝牙连接，实现苹果 iOS 和 Android 设备的语音通话、短信功能。

（2）使用前提。

苹果 iOS 设备必须越狱成功（装有 Cydia），Android 设备不用越狱。

（3）支持设备。

① iOS 系统：iPod、Touch4、iPad、iPad2、iPhone3gs、iPhone4、iPhone4s、iPhone5；

② Android 系统：支持 Android2.3 及以上的手机。

（4）使用步骤（以 iOS 中放置 GSM SIM 卡为例）。

①点击 Cydia 图标。

②点击“管理”选项。

③选择“软件源”。

④点击右上角的“编辑”。

⑤点击左上角的“添加”。

⑥在弹出的框中输入“apt.doubao.cn”，点击“添加源”按钮。

⑦进入正在更新源界面。

⑧下载完毕后，点击“回到 Cydia”按钮。

⑨在软件源界面可以看到多了一个“apt.doubao.cn”，点击该部分。
⑩进入该地址的界面，点击该区域。
⑪进入“详情界面”，点击右上角的“安装”。
⑫进入“确认”界面，点击右上角的“确认”。
⑬进入安装界面。
⑭安装完毕后，点击下方的“重启 SpringBoard”按钮。
⑮回到设备桌面，可以看到多了一个“兜宝”的图标，如图 7.94 所示。

图 7.94 桌面多了一个“兜宝”图标

⑯点击兜宝图标，进入应用，点击右上角的开关，如图 7.95 所示。

图 7.95 “兜宝”操作开关示意

⑰找到设备，点击设备名“doubao_XXXX”，后四位数字为初始密码，如图 7.96 所示。

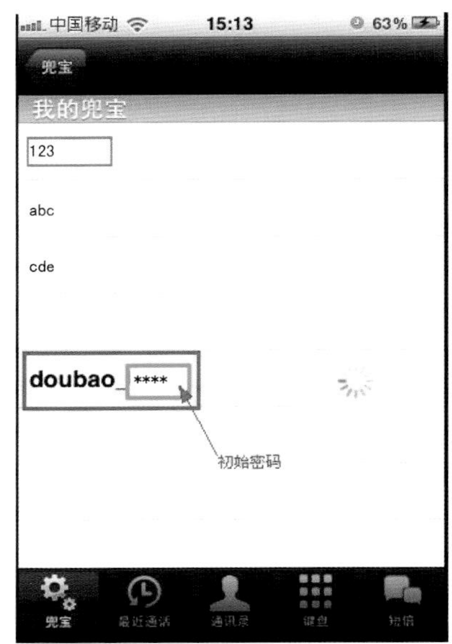

图 7.96 “兜宝”输入密码

⑱在弹出的密码输入框中输入初始密码，如图 7.97 所示。

图 7.97 “兜宝”输入初始密码

⑲密码输入正确后，连接上时听到提示音，在兜宝的界面中看到开关打开，如图 7.98 所示。

图 7.98　开关打开

⑳兜宝连接正常，可正常拨打电话、收发短信，如图 7.99 所示。

图 7.99　兜宝开关打开

㉑当兜宝中放入两张卡时，进入短信界面，编辑好短信后选择发送时可以选择“选择 SIM 卡 1”或“选择 SIM 卡 2”（图 7.100）；如兜宝中只有一张 SIM 卡，便无须选择直接发送。

图 7.100　兜宝发送短信

7.4.2　移动学习

随着移动智能终端软硬件、移动网络和电子学习内容的迅猛发展和普遍使用，在知识经济的时代背景下，移动学习已经具备条件。据统计，2012 年第 2 季度中国移动阅读市场活跃用户数达 3.58 亿，环比增长 3.8%，同比增长 33%。移动学习有其独特优势，主要包括：

①实现学习电子化；

②随时随地学习，充分整合时间碎片；

③运用 IT 设备的运算能力，可在一本或多本电子书中进行快速搜索；

④在网络平台上交流读书体会，从多个维度、多个人角度来学习，促进知识理解，提升学习效果；

⑤电子书及电子资料可以低成本获取，低成本学习；

⑥支持重点、标注、释义功能；

⑦切换到笔记视图，会看到自己所有的笔记和重点都迅速归整到一起，还附带指向相关段落的可点击链接；

⑧可以在移动智能终端上实时访问网络，获取所需资料。

移动学习主要需要终端设备、学习软件及电子学习内容等客观条件。终端设备之前已有专门介绍，以下是其他相关方面的基本情况。

（1）学习软件。

学习电子书时，可使用系统自带的电子书阅读器，或根据操作系统的不同自行安装 Adobe Digital Editions、FBReader、iBooks、iReader、King reader、Aldiko、BookWorm、91 熊猫看书等软件。学习音视频材料时，可以安装暴风影音、MoboPlayer 等视频播放器软件。根据学习需要，还可下载牛津大辞典、金山词霸、有道词典、海词词典等电子词典软件，以及万能记事本、麦库记事本等学习笔记软件。

（2）电子学习内容。

目前，主流终端设备都支持 ePUB、PDF、HTML、Word、PPT、Excel、TXT 等格式的学习资料。除苹果应用商店和安卓市场外，国内比较知名的像机客网电子书应用商店、掌上书院、当当网等都提供非常专业及数量庞大的 EPUB 电子书，用户下载后可以直接导入手机阅读，非常方便。以下为常用电子书的下载或购买地址：

① http：//www.cnepub.com/；

② http：//book.159.com/；

③ http：//e.dangdang.com/；

④ http：//www.epubbooks.com/；

⑤ http：//books.ssfighter.com/。

8 移动应用案例

2012 年中国移动互联网市场产值达 712.5 亿元，中国移动应用位居全球第二。App 的总使用频率比 2011 年增长了 16 倍，总使用时长增长了 12 倍。手机网民人均使用 App 个数由 2011 年的 4.6 个上升到 2012 年的 5.6 个，逾百万的移动应用已经覆盖了衣食住行、休闲娱乐、社交、视频、移动办公、电子商务、教育、医疗等，为用户提供极大便利，对人们的工作、生活、学习等产生着深远的影响。移动应用的规模与应用深度大幅增长，正史无前例地对各个领域进行大渗透，淘汰、改造甚至是颠覆正在发生。有人预言，未来 10 年所有东西都是移动化的。本章主要介绍电子书架、移动视频会议、公司云、VPN、二维码、同步推、手机监控等实际案例。不同组织或单位可根据自身需要，开发不同的移动应用，在此不一一列举。

8.1 电子书应用

电子书可在移动终端上随时随地阅读，目前的主流格式有 ePub 和 PDF，后期还有通过 iBooks Author 制作的 iOS 原生电子书。其中 PDF 已经广为人知，借助其优秀的排版标准，已经在电子文档、排版印刷领域占据绝对优势；而 ePub 作为一个较新型的格式，文件结构更简单、制作更容易，也有相当的前景；iOS 原生电子书是苹果公司力推的格式，它的交互性更强，在教育领域有一定专业性，在美国教育出版领域引起了较大反响。

8.1.1 电子书架

电子书可利用电子书架来统一管理，图 8.1 是某企业为了在企业内部分享知识而制作的 Apple iBooks 界面风格的电子书网站，后期也开发了对应的电子书管理后台（如图 8.2 所示），获得了较好的效果。

8.1.2 电子书制作技巧

下面介绍利用 Sigil 工具制作电子书的操作步骤及使用技巧。

（1）收集文档、素材，放在同一目录下备用。如对最终内容顺序有要求，可对文件名编号，如图 8.3 所示。

（2）合并素材内容，便于统一编辑内容、整理格式。

（3）新建空白 Word 文档，然后鼠标选择“菜单” ⟶ “插入” ⟶ “对象” ⟶ “文件”。有个小技巧，在 WPS 文字中导入文件的快捷键为 Alt+I+L，与 MS Office Word 类似。

（4）选中需导入的全部文档，点击确定（图 8.4）。配合文件名编号实现预期的内容排序。

图 8.1　某企业自行开发的电子书架

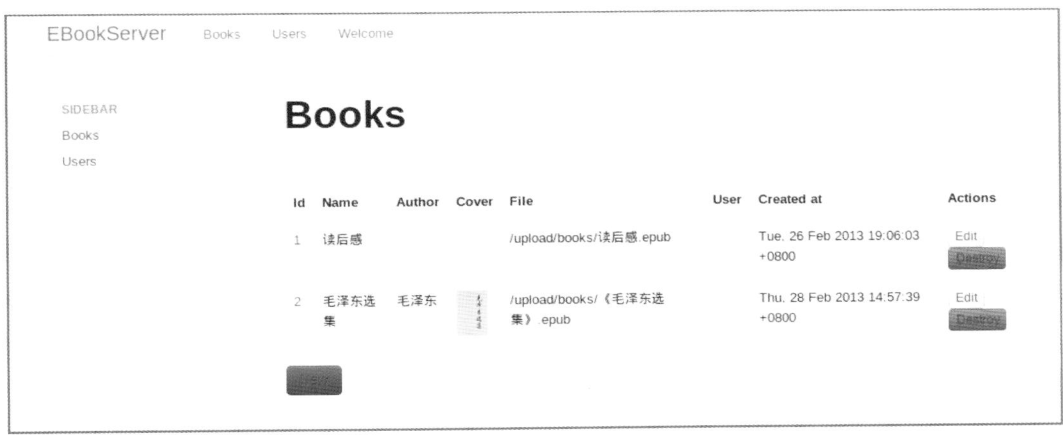

图 8.2　某企业电子书架管理后台

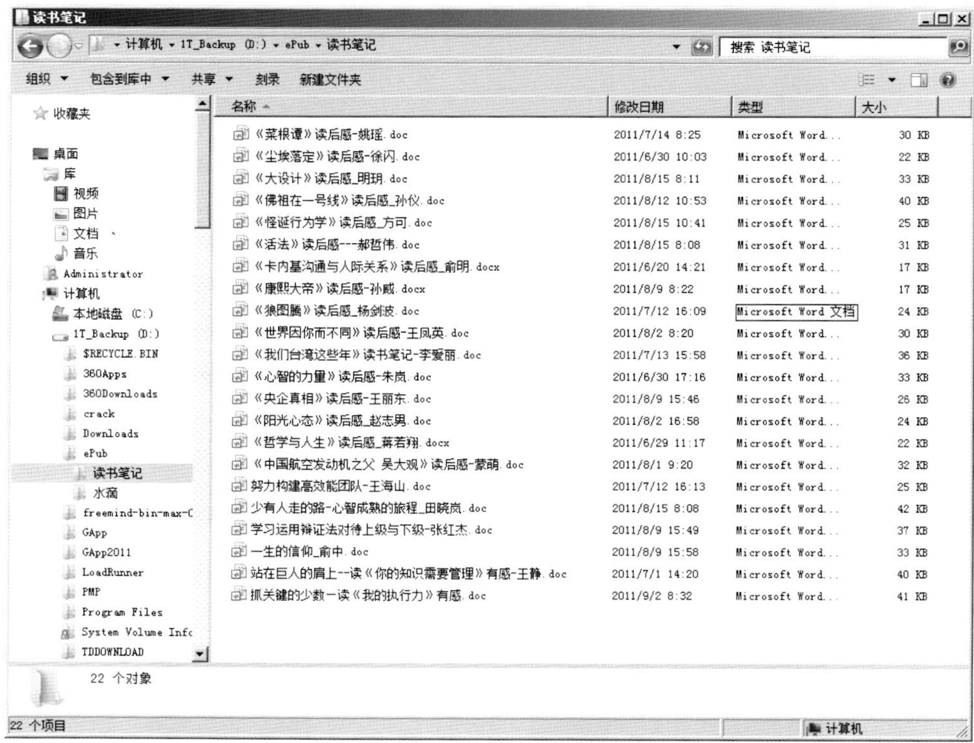

图 8.3　收集素材至同一目录

图 8.4　导入全书文档

（5）对多个文档、素材（图片）合并，便于对字体、格式进行修改和统一。如图 8.5 所示。

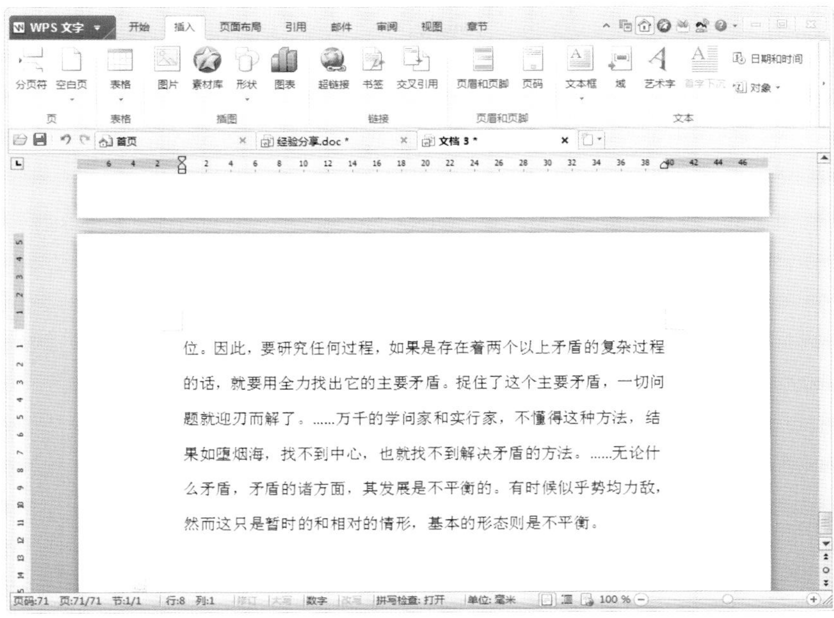

图 8.5　合并素材

（6）对合并的文字、素材进行修改、校对（主要针对格式较乱的文档）。

（7）可利用《编辑辅助工具》“自动排版”、“去掉空格”进行格式整理（链接）。

（8）统一标点、符号等，进行初次简单校对。

（9）利用 Sigil（图 8.6）创建 ePub 电子书。

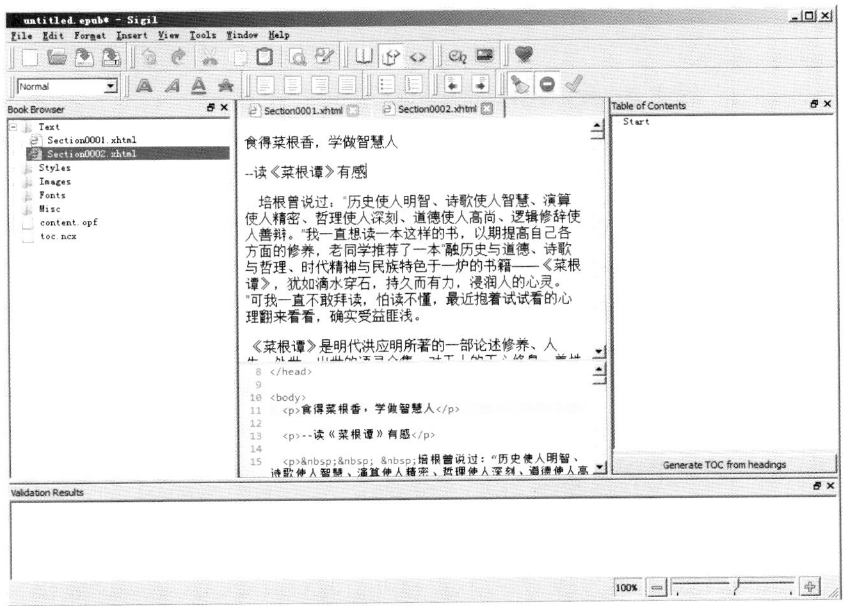

图 8.6　Sigil 界面

Sigil 的下载地址：

http：//sigil.googlecode.com/files/Sigil-0.4.2-Windows-Setup.exe（免费）

（10）打开 Sigil，将初次校对的素材复制过来。

可以选中标题并添加样式，用 Heading1-6 定义从大到小的层级标题，便于实现目录自动生成，如图 8.7 所示。

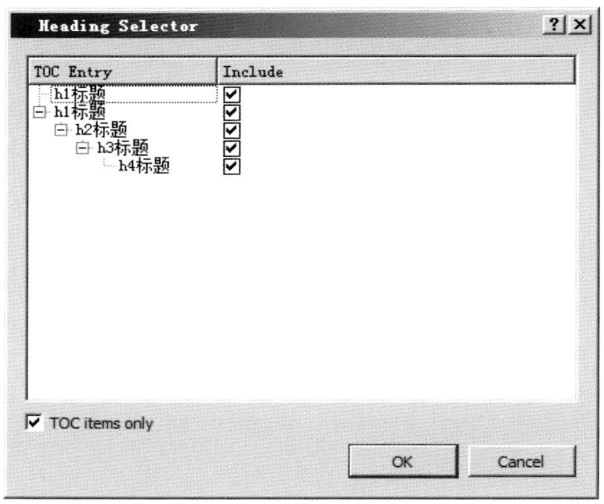

图 8.7　定义层级标题

在操作时经常会出现非预期结果，应切换到内容 / 代码显示模式，直接调整 HTML 代码。如图 8.8 所示。

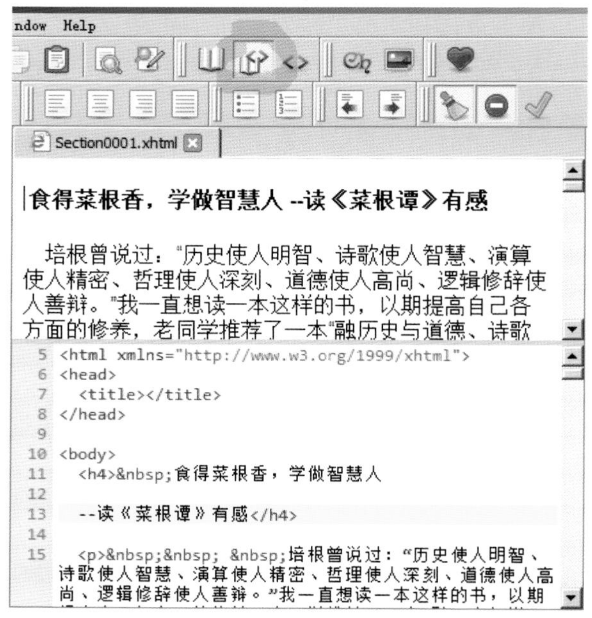

图 8.8　调整 HTML 代码

（11）内容分段及目录导航生成。选中要分割的位置，“菜单” ⟶ “Insert” ⟶ “SGF Chapter Marker”或使用快捷键 Ctrl+Shift+Return。将全部“章节分割符”添加后，“菜单”

→ "Tools" →"Split On SGF Chapter Marker"可依据分割符将内容拆成多个 Section000x. xhtml。再点击右侧"Generate TOC From headings"按键，可定制目录生成，如图 8.9 所示。

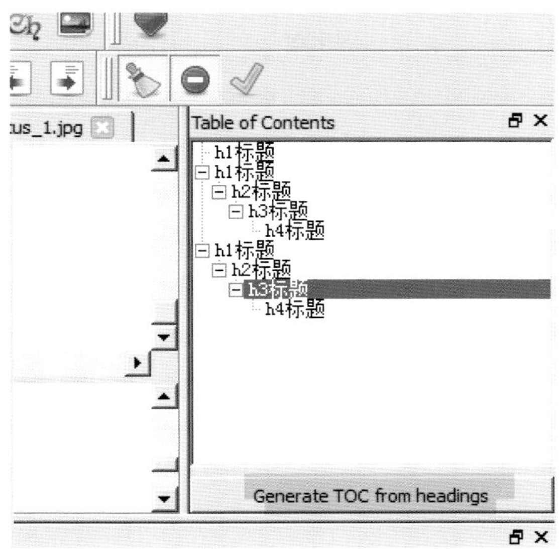

图 8.9 生成导航目录

（12）添加图片（菜单 >Insert>Image 或使用快捷键 Ctrl+Shift+I）。

（13）最终校对、修补，添加元数据（菜单 >Tools>MetaEditor 或使用快捷键 F8）。

（14）添加封面：导入图片可作为封面显示在 iBooks 书架上，只需在左侧目录选中图片，鼠标右键选择 Add Semantice> Cover Image（封面只有一张）。

此外，ePub 格式支持以下高级特性（iBooks 测试通过）：

封装字体，可参考：

http：//blog.threepress.org/2009/09/16/how-to-embed-fonts-in-epub-files/

播放声音及视频，可参考：

http：//blog.threepress.org/2009/11/15/using-html5-video-in-epub/

执行脚本，可参考：

http：//blog.threepress.org/2010/06/24/javascript-and-interactivity-in-ibooks/

发布方式包括随邮件附件发送、iTunes 拖拽导入、通过网站分享、通过 USB 转接头从 U 盘导入 iOS 设备等。

8.2 车位系统移动应用

8.2.1 应用情况

车位移动应用实现对车位基本信息及其使用情况的信息化管理，将单位所有车位、相关人员及车辆的相关信息纳入系统进行统一管理，实现通过移动智能终端对"位—人—车"的精准关联，实时联查与车位相关的所有信息。

8.2.2 开发经验

车位移动应用开发是现有 B/S 系统实现移动化方面的一次探索，开发人员在这方面进行了一些实践，采用了某些开发方式和技术方案。

经过摸索，用 jQuery Mobile 作为本应用的总体框架，在此框架的基础上进行软件开发。根据系统逻辑打破系统功能间的依赖关系，采取并行开发的方式，实现用户移动登录和车位移动联查功能的并行开发和同期完成，实现车位移动应用的开发关键路径最短。以下为相关开发经验的概括。

（1）现有系统移动化开发。

从车位管理系统（B/S 结构）移动化开发的实践可以认识到，现有 B/S 系统的移动化开发可以共享原系统的数据库及其数据，而不必新建数据库；可以复用原系统的大部分后端程序代码，而不必从零开始开发后端程序；工作量主要集中在开发能在多种移动智能终端上友好显示的前端 Web 展示页面。在技术选择上，选用当前主流的 HTML5 和 CSS3 作为 B/S 结构移动应用开发的主要手段。此外，选择 jQuery Mobile 等移动开发框架可以避免从零开发，达到事半功倍的效果。

在车位移动应用的开发过程中，经过一段时间的摸索，在原车位管理系统解决方案中我们复制原 Web 项目，在此基础上改造为原解决方案下的移动应用 MobileWeb 项目。在改造过程中，直接使用原系统的数据库及其数据，引用原解决方案的相关 DLL 文件，复用了 Web 项目中的大部分后台代码，选择 jQuery Mobile 框架来优化移动应用 Web 展示界面，完成与移动化改造后的单点登录功能实现对接。

移动应用界面如图 8.10 所示。

图 8.10 移动应用界面

（2）移动应用统一认证实现方式。

建成的各 B/S 架构应用子系统均由邮箱作为身份认证的唯一合法标识，因此在建设移动应用系统时，也应该与其保证一致，实现以邮箱账号登录各移动应用系统。

车位管理子系统移动版是涉及用户登录认证的移动应用系统，因此在开发时，要充分考虑登录认证功能在其他移动应用系统的可复用性，避免重复开发。功能架构设计如图 8.11 所示。

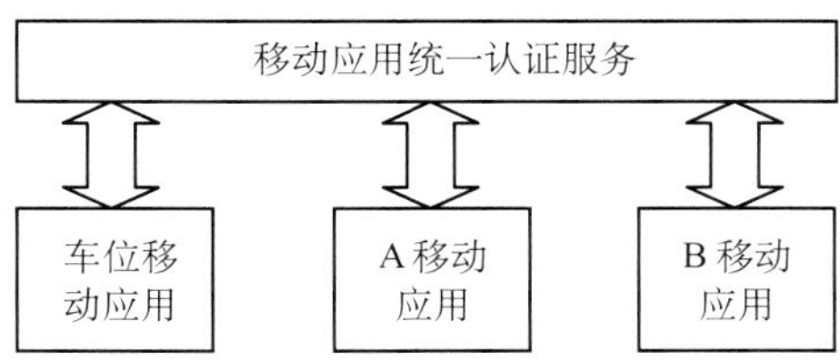

图 8.11　功能架构设计

具体实现方式是将系统登录作为公共服务向外发布，使各移动应用系统都可以方便地使用此服务。实现代码如下：

```
namespace UUMSService
{
    [WebService (Namespace = "http://tempuri.org/")]
    [WebServiceBinding (ConformsTo = WsiProfiles.BasicProfile1_1)]
    [ToolboxItem (false)]
publicclassUserInfoService : System.Web.Services.WebService
    {
        [WebMethod]
publicbool LoginByMailCount (string userAccount, string pwd)
        {
string _userAccount = userAccount;
string _pwd = pwd;
return UUMS.Common.SecurityUtility.ValidateUser (_userAccount, _pwd);
        }
    }
}
```

UserInfoService 访问页面如图 8.12 所示。

图 8.12　UserInfoService 访问页

用户调用 UserInfoService 服务方法：

```
[WebMethod]
privatebool LoginCheck (string userAccount, string pwd)
 {
bool isLogin = false;
   UserInfoServiceReference.UserInfoService client = new MobileWeb.UserInfoService
Reference.UserInfoService ();
   isLogin =  client.Login (userAccount, pwd);
if (isLogin)
   {
FormsAuthenticationTicket ticket = newFormsAuthenticationTicket (1, userAccount,
DateTime.Now, DateTime.Now.AddMinutes (1), false, "");
//Encrypt the ticket.
String encTicket = FormsAuthentication.Encrypt (ticket);
//Create the cookie.
    Response.Cookies.Add (newHttpCookie (FormsAuthentication.FormsCookieName,
encTicket));
   }
return isLogin;
}
```

用户统一认证界面如图 8.13 所示。

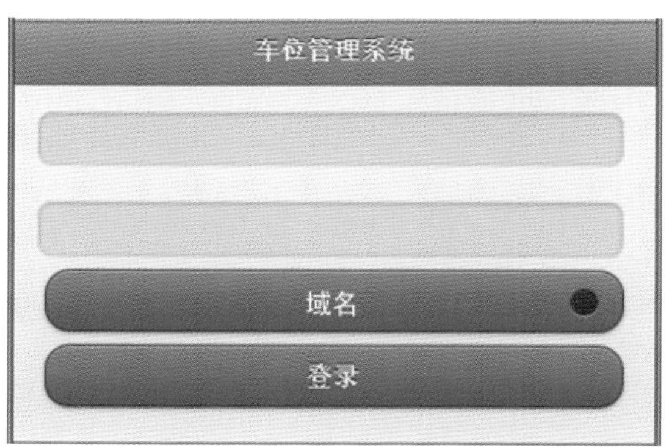

图 8.13　用户统一认证界面

（3）jQuery Mobile 框架应用。

选择使用 jQuery Mobile 作为开发车位移动应用的程序框架，主要是因为 jQuery Mobile 是一个小型且开源的移动应用框架。对于初学者来说，它的最大优点是学习成本比较低，入手迅速，能够在较短的时间内开发出美观、实用的移动应用。另外，jQuery Mobile 框架平台还支持绝大部分的手机型号，通用性较好。jQuery Mobile 有以下主要功能特性：

① jQuery Mobile 框架兼容主流的设备，如 iOS（包括 iPhone、iPad）、Android、BlackBerry、

Symbian 等，可以非常容易就设计一个运行在多数主流智能手机和平板设备上的 Web 程序。

② jQuery Mobile 是触摸屏优化的，并且提供一个适应不同的智能设备的动态触摸用户界面，这套系统包含基本的布局控件（如列表、面板等），并且还有一套额外的表单控件和 UI Widgets（toggles、sliders、tabs）。

③ jQuery Mobile 还提供扩展了 CSS 框架，让用户更方便去设计 Web 程序的界面，并且还支持如 text-shadow、box-shadow、and gradients 等这类的 CSS3 特性。

jQuery Mobile 使用方法如下：

```
<linkhref=“Scripts/jquery.mobile-1.0a4.1.min.css”rel=“stylesheet”type=“text/css”/>
<scriptsrc=“Scripts/jquery.js”type=“text/javascript”></script>
<scriptsrc=“Scripts/jquery.mobile-1.0a4.1.min.js”type=“text/javascript”>
</script>

<headerdata-role=“header”>
<h1>
车位管理系统
</h1>
</header>
<divdata-role=“content”class=“content”>
<formmethod=“post”id=“loginform”>
<inputtype=“text”name=“username”id=“username”/><br>
<inputtype=“password”name=“password”id=“password”/>
<selectid=“SelectDomain”name=“SelectDomain”>
<option>cnpc</option>
<option>petrochina</option>
</select>
<adata-role=“button”id=“submit”>登录</a>
</form>
</div>
<divdata-role=“footer”style=“text-align：center”>
```

（4）HTML5 与 CSS3。

HTML5 是继 HTML4.01、XHTML1.0 和 DOM2 HTML 后的又一个重要版本，旨在消除 Internet 程序（RIA）对 Flash、Silverlight、JavaFX 一类浏览器插件的依赖。HTML5 对移动 Web 带来更多好处，原因是现在的移动 Web、iPhone、iPad 占主导地位，而 iPhone 是不支持 Flash 的。另外，HTML5 还会让其他平台的移动浏览器有更快的网页加载速度。

CSS3 是 CSS 技术的升级版本，CSS3 语言开发是朝着模块化发展的。CSS3 较之 CSS 又增加了很多新的特征，CSS3 与 HTML5 结合使用，对于开发移动应用有着强大的优势。

（5）登录时识别访问终端的方法。

当用户访问某个站点或应用时，不管是使用电脑还是移动智能终端，都希望只通过同一个访问入口，返回适合不同访问设备的页面风格。因此，在开发 Web 应用时，实现根据访问设备自动跳转到相应页面的功能就尤为重要，这在很大程度上提升用户体验。

在进行车位移动应用开发时，也充分考虑到这个方面。为实现自动跳转功能，采用MobileESP开源项目作为基础，利用现有成果，可节约大量开发时间。MobileESP项目提供了一套简单、轻量级的API，让网站的开发者检测访客是不是使用移动设备，或者使用的是哪种移动设备。

MobileESP支持PHP、Java、APS.NET、JavaScript等多种语言，而JavaScript是较简单，也较灵活的一种方式，在车位管理子系统移动版开发中采用此方式来验证来访设备，具体使用方法如下：

```
<scriptsrc= "Scripts/mdetect.js" type= "text/javascript" ></script>
if (DetectSmartphone () || DetectAndroid ())
{
…
}
```

（6）并行开发实现方式。

车位管理系统在移动化之前，访问每个页面时都会判断来访用户是否已经登录。如果没有登录就拒绝访问，也就是说，系统访问前须先完成单点登录。为了实现现有应用的并行开发，必须先打破这种程序先后依赖性。在系统移动访问功能开发过程中，先在程序运行之初就模拟实现用户登录，从而打破这种依赖性，具体代码如下：

```
publicpartialclassleft ：System.Web.UI.UserControl
    {
protectedvoid Page_Load (object sender，EventArgs e)
        {
if (!Page.IsPostBack)
            {
if (Session ["Asset_User"] == null ||
(((Asset.Model.Asset_User) Session ["Asset_User"]) .User_Authority == null))
                {
                    Asset.BLL.Asset_User bll = new Asset.BLL.Asset_User ()；
                    Session ["Asset_User"] = bll.GetModel ("12345678")；
                }
            }
…
    }
```

（7）后台数据条件性绑定。

要在从后台数据库读取数据源的下拉框中进行新增空白行等操作，在开发实践中认识到，手工绑定数据源是一种可行的方式，相关代码如下：

```
// 手动绑定 ddl1（车牌）
Carport.BLL.Carport_Car carBll = new Carport.BLL.Carport_Car ()；
DataSet ds_ddl1 = carBll.GetList_MutualSql ("")；
```

```
DropDownList1.DataSource = ds_ddl1.Tables [0] .DefaultView;
DropDownList1.DataTextField = "Carport_Car_Code";
DropDownList1.DataValueField = "Carport_Car_Code";
DropDownList1.DataBind ();
ds_ddl1.Dispose ();
```

在下拉框中插入空行的代码如下：

```
if (!this.DropDownList1.Items.Contains (newListItem ("", "")))
{
this.DropDownList1.Items.Insert (0, newListItem ("", ""));
}
```

8.2.3 系统使用

（1）系统功能。

为了实现“位—人—车”精准关联、实时查询车位信息，实现对车位基本信息及其使用情况的信息化管理，车位管理系统可将公司范围内车位、人员、车辆的相关信息纳入系统进行统一管理，具体实现以下功能：

①实现对车位基本信息及其使用情况的信息化管理，将车位情况融入部门及个人的信息集成展示内容之中。

②实现车—位—人的准确关联，搭建车位信息库及车辆信息库，实现车库用户与系统的实时连接，支持随时随地查询车位—车证—车辆—人员之间的对应关系，以及它们是否属于本公司。

③使用系统实现对员工车证的归口管理。

（2）用户分类。

①公司领导及部门负责人。

a. 能够查询包括员工、车位、车辆、车证等数量信息的相关车位概览。

b. 通过车牌、车位或者姓名信息，来关联查询包括手机号码等其余相关信息。

c. 查看相关车位详细信息。

d. 查看相关车辆详细信息。

②系统管理员。

a. 能够查询包括员工、车位、车辆、车证等数量信息的相关车位概览。

b. 通过车牌、车位或者姓名信息，来关联查询包括手机号码等其余相关信息。

c. 查看相关车位详细信息。

d. 查看相关车辆详细信息。

e. 负责系统基础信息的收集、整理、录入及维护。

③一般用户。

通过车牌、车位或者姓名信息，来关联查出包括手机号码等其余相关信息。

8.3 电话簿应用

移动设备的另一个优势是沟通，可以随时随地拨打电话、收发电子邮件，因此电话簿一定是企业内部的常用应用，同时也可通过电子化解决纸质版更新成本高、难以查询等问题。目前一些企业已经形成了简单的电话簿应用，可实现部门分类、多条件查询，查找后可直接发送邮件或拨打电话，如图 8.14 所示。

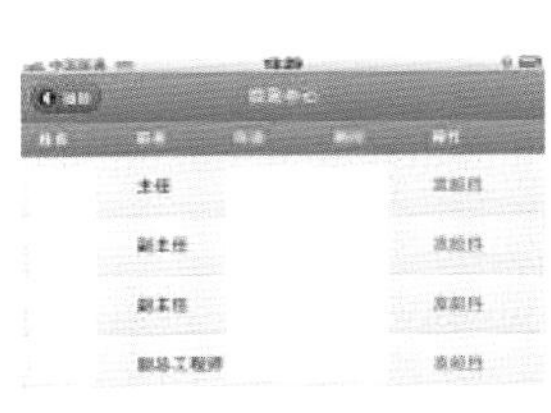

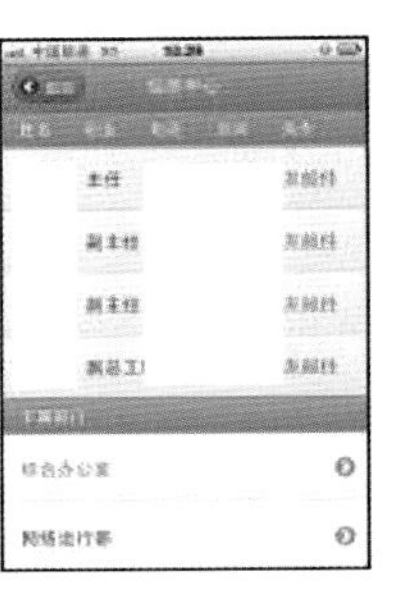

图 8.14　电话簿操作界面

8.4 移动视频会议技术方案

8.4.1 方案介绍

图 8.15 为移动视频会议拓扑图。

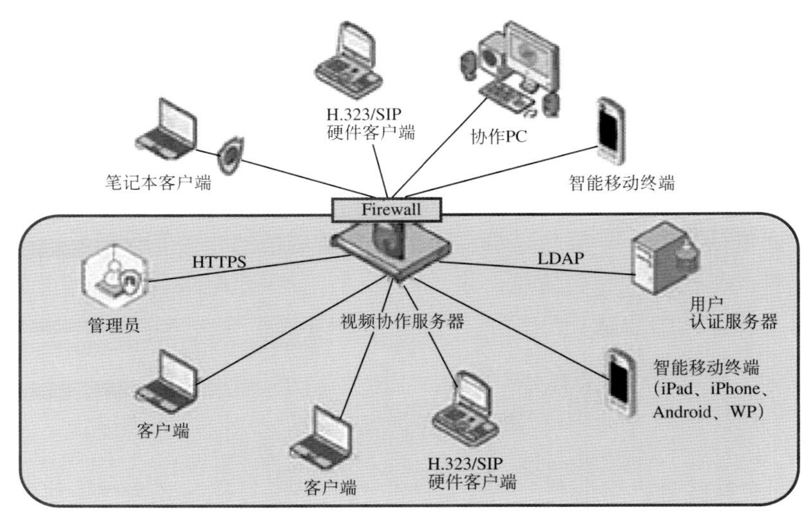

图 8.15　移动视频会议拓扑图

（1）在企业的数据中心部署视频协作服务器。可以同时设置双网口，外网口配合企业防火墙用于外部用户通过 Internet、3G 网络的远程接入，而内网口可直接连接内网用户。整套系统基于 C/S 架构，通过用户账户来进行呼叫控制和准入控制。通过部署移动视频协作服务器，将传统的视频会议从固定终端扩展到移动领域，将您身边的移动多媒体平台转变成随身视频接入点，是目前唯一能够同时提供 iPhone、iPad、Android、PC、MAC 平台的移动视频解决方案，通过无线或者 3G 网络，将会议扩展到任何地点。

（2）视频协作服务器内置 MCU 功能，支持多路视频接入，并提供 1080p30 高清视频、立体声音频、高清内容协作等功能，是企业级的虚拟协作系统。提供两种部署方式，既可以是基于 VMWare 平台的虚拟化部署，也可以是传统的硬件服务器式的部署。

（3）移动视频客户端具有视频录制的能力，可以将高清视频直接录制在本地硬盘上，便于后期的回放和编辑。就实现功能来说，整套系统支持文字聊天、音频通话、视频通信、内容共享协作以及视频录制等功能，充分满足企业内部的即时通信和协作办公的需求。支持从企业内部的 LDAP 服务器上同步用户账号。

（4）互联互通性：移动视频终端可以和基于标准 H.323/SIP 的硬件视频终端、MCU 互联互通。如图 8.16 所示。

图 8.16　同步视频图

（5）内建网络防守和防火墙穿越功能，用户无论在多复杂的网络环境中，都能轻松地进行视频通信。

8.4.2　方案特点

本方案的具体技术特色及优势：

（1）音频：非 zZ 宽带音频质量，完全符合 AAL-LC 编码标准。

（2）视频：采用 H.264 高清编码协议，采用高性能芯片作为高清视频解决平台，在 768 kbps 带宽下实现高清 720P/30 图像质量，1.1 Mbps 下实现 720P/60 图像质量，1.7 Mbps 下实现 1080P/30 图像质量为用户在不同的网络条件下提供最佳视频效果。

（3）双流：H.239 双流标准，所有设备均内置该技术。

（4）安全：系统具备 AES 加密功能，媒体流全部加密，确保了会议内容的安全。

（5）新技术：全面支持 SIP，具备向基于软交换的 IP 多媒体通信系统扩展和转移的条件，便于基于 SIP 系统的接入。

本技术方案的视频会议系统是一个完全基于高清 720P/30、720P/60 和 1080P/30 的方案，完全符合 H.323、SIP 标准，基于 TCP/IP 协议的开放的高清视频会议系统。它综合了各种视频会议的先进技术于一身，适合视频会议、远程讨论交流、远程培训等会议应用，应用于现有的数据网络可实现音视频、数据以及 OA 系统的无缝连接，实现了多网合一。同时，本系统充分考虑了网络的扩展性，以适应中长期发展。在网络结构、网络应用、网络管理、系统性能等各个方面均能适应未来多媒体应用的发展，最大限度地保护用户的投资。

（1）系统中选择的设备有很多以人为本的设计，充分考虑会议中的具体使用需求，而不是技术的堆砌。

（2）系统中的设备全面支持 H.323 以及 SIP 标准，支持混网、混速、混协议，便于系统扩展。

（3）系统中采用电信级设备，具有高可靠性，并提供全面的诊断、维护手段，提高了系统的可用性；系统中的设备充分考虑了 IP 网络的特点，在用户、会议、功能等多方面充分考虑了系统安全性，提供多种安全保证手段；多种 QoS 技术的支持、抗干扰技术的应用保证了系统的高性能。

（4）本方案提供的系统具有本地化和异地网络灵活的会议调度和管理手段，便于用户根据自己的需要实时、分散地进行会议调度和管理，实现真正意义上的视频会议实时化、用户化。

8.4.3 移动视频会议系统功能

（1）终端点对点视频会议。

视频会议系统中的任何一台终端（手机、Pad、PC、笔记本电脑）都可以直接呼叫系统中的另一台终端，建立高清视频会议通信，给用户带来高清的双向视频交流和双向高清双流会议。

（2）多点视频会议。

各地会议点通过多点视频会议控制单元召开全网大会，多点视频会议控制单元实现会议中的视频切换广播和声音混合广播，可以同时听到所有与会者的声音。各个分会场通过 IP 宽带网络与多点视频会议控制单元相连。

（3）多组多点视频会议。

视频协作服务器内置的 MCU 可同时召开多组会议，各分组会议之间相互独立，互不影响。必要时可根据会议需要将会议合并为一个大的整体会议。

（4）语音激励控制方式。

在一个多点会议中，当同时有多个会场要求发言时，MCU 实时对多点输入的语音电平进行比较，选择音量最强的发言者的图像、声音信号传送到其他会场。

8.5 通过 VPN 访问内网

移动工作终端不论手机、Pad，要想访问服务器，必须经过 Wi-Fi 或者运营商提供的 3G 数据网络，而 3G 和公共的 Wi-Fi 网络需要访问企业内网中的服务器时，必须通过虚拟专用网络（Virtual Private Network），即 VPN。

8.5.1 VPN 工作原理

VPN 属于远程访问技术，简单地说就是利用公网链路架设私有网络，基本工作原理是在内网中架设一台 VPN 服务器，VPN 服务器有两块网卡，一块连接内网，一块连接公网。移动工作终端连上互联网后，通过互联网找到 VPN 服务器，然后利用 VPN 服务器作为跳板进入企业内网。为了保证数据安全，VPN 服务器和移动工作终端之间的通信数据都进行了加密处理。有了数据加密，就可以认为数据是在一条专用的数据链路上进行安全传输，就如同专门架设了一个专用网络一样。但实际上 VPN 使用的是互联网上的公用链路，因此只能称为虚拟专用网。即 VPN 实质上就是利用加密技术在公网上封装出一个数据通信隧道。有了 VPN 技术，移动工作终端无论是在外地还是在个人家中，只要能上互联网就能利用 VPN 非常方便地访问内网资源，这就是为什么 VPN 应用得如此广泛。

8.5.2 VPN 应用

要使用 VPN，必须在移动工作终端和 VPN 服务器间建立连接，对移动工作终端而言，必须安装相应的客户端软件。此处以瞻博公司开发的 Junos Pulse 为例介绍具体使用过程。

图 8.17 是 Junos Pulse 软件运行后的系统主界面，用户可以通过点击“连接”按钮来连接到服务器。

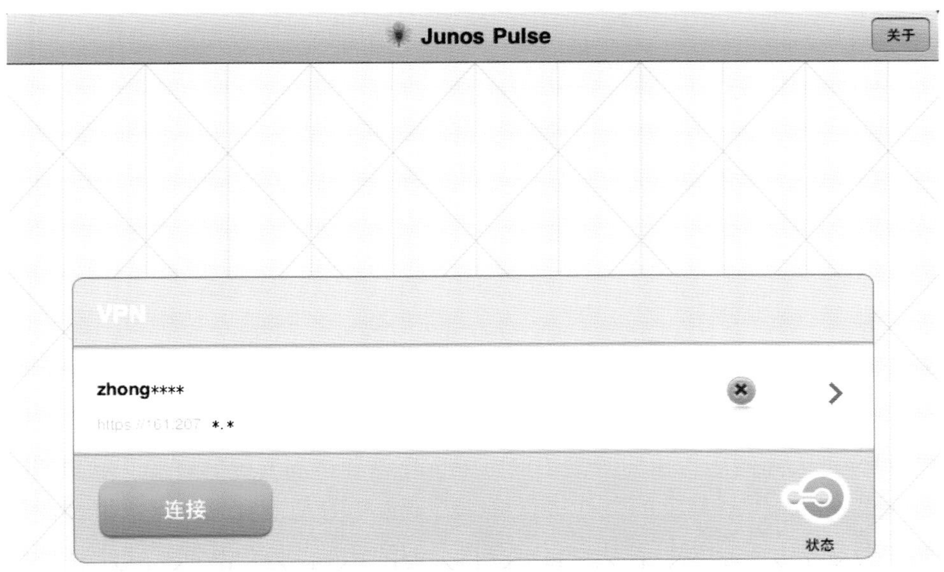

图 8.17 软件运行主界面

在图 8.17 中输入用户名 / 密码，完成登录过程。

图 8.18 显示了登录成功以后的页面，然后，点击“内部网”，可以看到企业内网等链接，点击链接可以看到图 8.19 显示的内容，实现对主页及相关内容的访问。

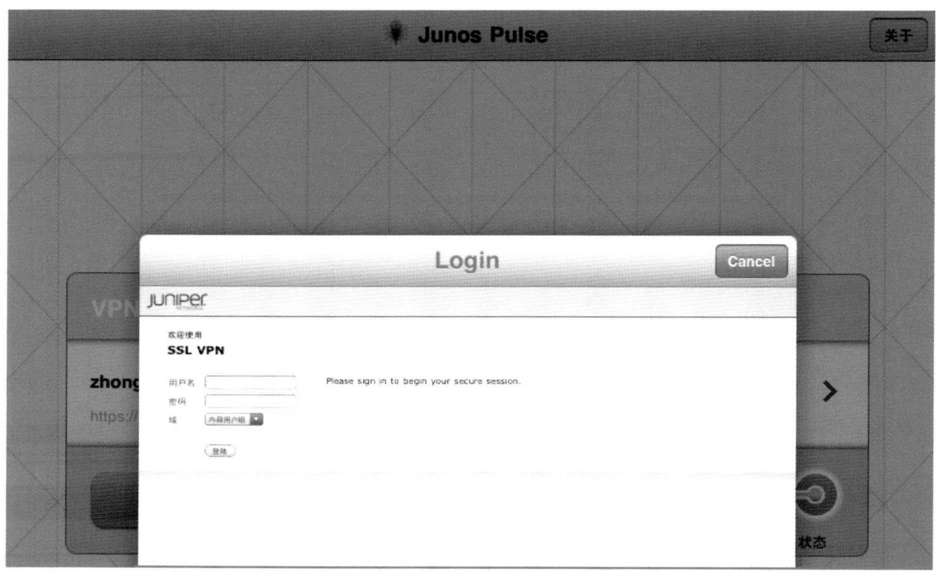

图 8.18　用户登录

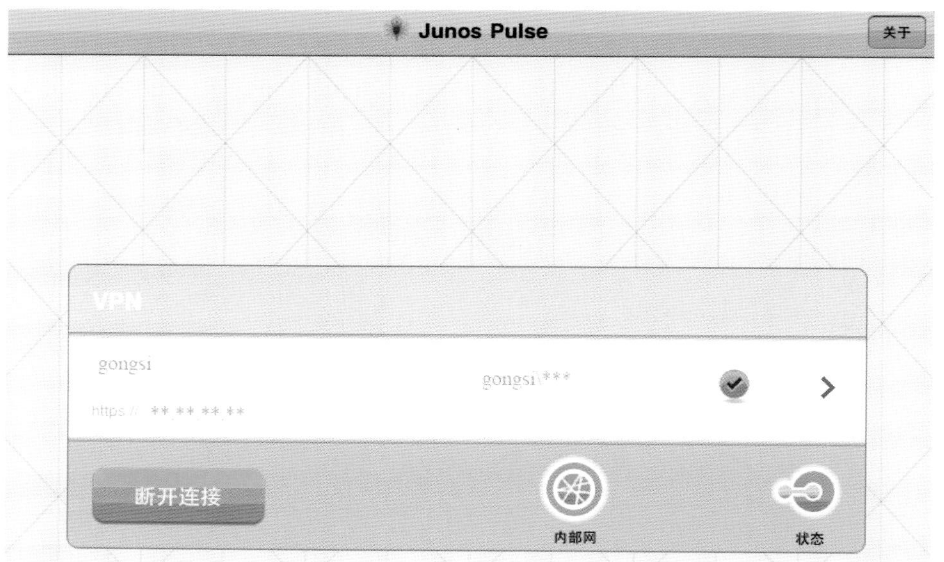

图 8.19　登录成功

通过 VPN 进入内网后，用户除浏览网页外，还需要访问其他的资源。如果能够访问自己办公室的服务器，并对其上的文件进行操作，就能更好地发挥移动智能终端的作用。此处以 RDP 软件为例，介绍如何操作自己计算机上的文件以及运行其他软件。

操作方法：在软件运行时的主界面，通过增加和删除拟登录计算机的 IP 地址，点击相应的 IP 链接，就能进入登录界面，这里的用户名 / 密码指的是远程计算机上的用户名和密码，输入以后，可以看到自己计算机桌面，通过资源管理器访问其他的文件。

8.6 桌面虚拟化方案设计

基于 PC 方式的 IT 系统，需要在每台 PC 上安装业务所需的软件程序或客户端，重要的数据分散在各 PC 上。当前客户端安全隐患增加，PC 机的安全漏洞较多，业务数据在客户端有泄露及丢失的危险，并且用户的工作环境也有受攻击和被破坏的危险。同时，业务终端的维护成本也不断上升，IT 运维人员不仅要对 PC 进行维护，还要对操作系统环境、应用的安装配置和更新进行桌面管理和维护，随着应用的增多，维护工作量呈上升趋势。为简化客户端环境，实施集中化部署、管理和运维，桌面虚拟化是有效解决方案。

8.6.1 技术方案

（1）拓扑图。

桌面虚拟化由网络服务器、存储、终端等设备组成，其组网拓扑图如图 8.20 所示。

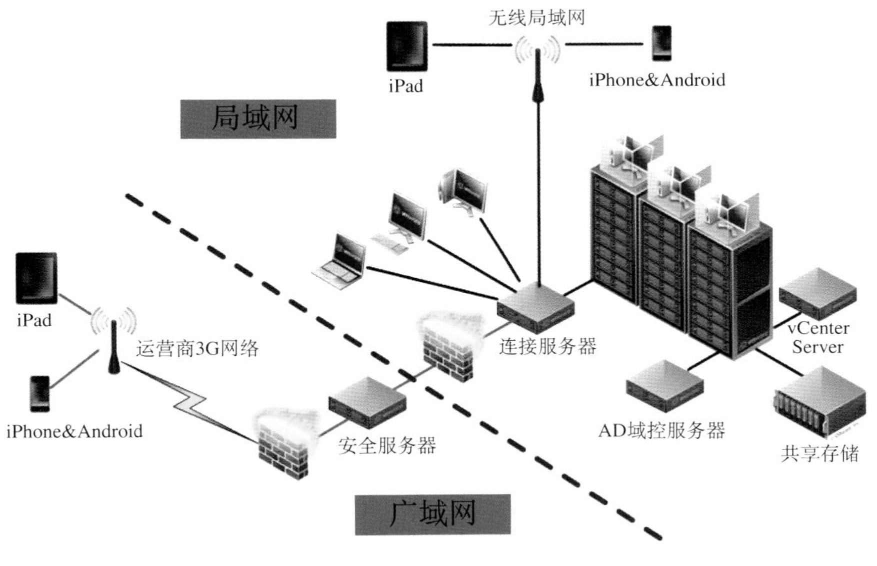

图 8.20 拓扑图

VMware View5 能以彼此独立的方式管理操作系统、硬件、应用程序和用户，而不受其驻留位置的影响。集中简化了桌面和应用程序管理、减少了成本并提高了数据安全性，从而改善了最终用户灵活性和 IT 控制。使客户能够对 VMware vSphere 和虚拟桌面基础架构（VDI）环境的价值进行扩展，不仅包含桌面，而且还包含应用程序，并将这些环境安全地交付给远程客户端（离线或在线）。

根据对用户现有移动办公业务环境桌面使用情况进行分析，将不同类型的用户进行分组。用户通过使用 iPad 或者智能手机通过无线局域网或者运营商的 3G 网络直接访问到自己的办公桌面，从而实现快捷的随时随地的移动办公。

（2）建立多种虚拟桌面的统一访问。

在数据中心通过 View Manager 管理组件集中对办公环境进行统一管理和分配。IT 管理员可以指定虚拟桌面和设计计算机的使用者，所有员工通过一个统一的接口进行访问。如图 8.21 所示。

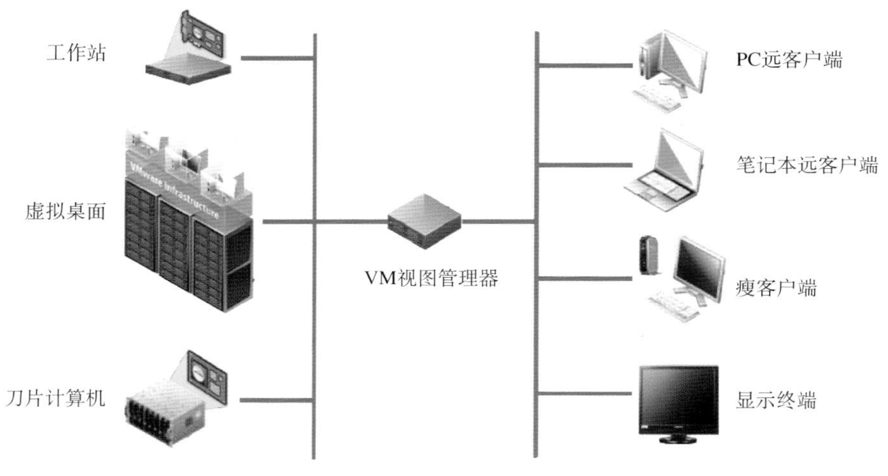

图 8.21　接口图

8.6.2　硬件配置

根据不同用户的虚拟桌面访问需求，假定如 Office、办公浏览器、访问多媒体应用等办公场景进行服务器硬件配置。

为满足上述办公场景，服务器硬件配置方案要求提供 VMware View 虚拟桌面环境支撑的 vSphere 的基础支撑组件，以及各种应用基础组件应用两个部分，包括集中管理服务器 vCenter 服务器、用于配置 View 环境 View Composer 服务器、AD 域控制器（1 台）、DNS 服务器、DHCP 动态 IP 地址分配服务器、SQL 数据库服务器（1 台）、vCenter 服务器以及连接服务器 Connection Server。

构成基础架构体系的组件模块包括 VMware View 构建块和虚拟桌面构建模块两种资源，因此即便是最低配置也需要可以提供 View 的基础服务组件的支撑；图形工作站方式采用的是独立图形工作站或高档 PC 加 PCoIP 主机卡配合瘦客户端方式，因此只需要考虑用户认证和连接所需的 View Manager Connection 连接服务器的开销即可，并不需要额外的虚拟桌面计算资源。

（1）虚拟桌面对 CPU 的需求。

vSphere 对 x86 硬件可以利用其最新的第二代硬件虚拟化技术如 MMU/RVI/EPT/NUMA 等，实现一般的桌面客户端无法实现的性能。根据实际经验，考虑带有互动视频这种需求的应用，一般建议单核 2.4GHz 以上物理服务器可以配置 4 ～ 8 个虚拟桌面，这样平均每个虚拟桌面可以分配 300 ～ 600MHz 的运算资源。

综上所述，100 个用户需要 100 个办公环境的情况下，总的 CPU 用量以单核 2.4GHz CPU 计算，最少需要 8+100/4=33 核。以 4 路 8 核 CPU 的物理服务器计算，需要 1 台服务器。未来扩展到 200 个用户，需要 4 路 8 核 CPU 的物理服务器 2 台。

（2）虚拟桌面对内存的需求。

基础组件内存需求一般需要 16GB。vSphere 独有的大透明页共享机制可以从底层保证内存超用，一般 Win7 操作系统所用系统内存部分可以复用 40% 左右。建议内存配置根据轻重负载应用，每个虚拟桌面配置 1 ～ 2GB。

综上所述，总的内存用量最低配置为 16+200×（60% ～ 100%）=136 ～ 216GB。按照中负载进行合理配置建议分配 152 ～ 232GB 内存。扩展到 200 个用户需要 512GB 内存。

（3）虚拟桌面对存储资源的需求。

存储容量针对虚拟桌面部分包括了操作系统、用户配置文件、应用程序 3 个部分内容。其中操作系统部分可以利用 vSphere 的链接克隆技术做重复数据删除，不过用户配置文件和应用程序部分的规划需要根据实际需求内容来确定，如果所有虚拟桌面为非持久性桌面，那么容量可以进一步压缩。

虚拟桌面使用链接克隆技术时，存储容量大小跟虚拟桌面资源池规划相关。假设使用链接克隆技术和虚拟桌面池，操作系统和数据盘容量分别为 2.5T 和 7.5T。

另准备虚拟桌面模板空间，视实际需求确定，约 200GB。VC、CS、AD、SQL 等服务器的磁盘空间为 200GB。扩展到 200 个用户后，总共需要 24T 的空间。其中磁盘可以使用精简磁盘置备。

对于虚拟桌面 LUN 的 RAID 组配置一般可以采用 RAID5 格式，一般每个 LUN 配置的虚拟机数量为 25 ～ 32 个，每一个 LUN 可以满足这部分 IOPS 的需求；对于链接克隆桌面甚至可以每个 LUN 整合 64 个虚拟桌面也可以满足性能需要。

（4）虚拟桌面对网络资源的需求。

建议网卡均采用 2 网口绑定方式实现冗余，其中 2 块 HBA 卡连接存储使用，2 块千兆网口供 Console 管理、vMotion 动态迁移虚拟机和虚拟桌面使用，4 块千兆网口供虚拟桌面会话使用。

（5）扩展性考虑。

推荐采用扩充节点的方式提高可连接虚拟桌面数量。

8.6.3 软件配置

采用 VMware 的专业会话管理软件，View Manager Connection 协助用户部署虚拟桌面环境和进行统一集中的管理。

第三方相关软件还需要采用 Windows7pro（用于每个虚拟机）、Windows2008R2 企业版、SQLServer（用于 VC 的管理数据库系统）。

8.7 智能终端远程视频监控

视频监控业务在中国已有 30 多年的历史，在传统上广泛应用于安防领域，是协助公共安全部门打击犯罪、维持社会安定的重要手段。近年来，随着宽带的普及，计算机和网络技术的发展，图像处理技术的提高，视频监控增加了更多的内涵，通过智能终端进行视频监控正越来越广泛地渗透到教育、政府、娱乐、医疗、酒店、运动、工厂、家庭等其他各个领域。由于3G网络和移动终端的出现，使得拥有着丰富功能的手机监控和PAD监控系统应用逐步渗入到传统视频监控系统。3G产品将给监控行业带来一个新的突破、新的理念、新的感受。

8.7.1 概述

智能终端远程监控系统本质上仍然是视频监控系统，只是其后端必须是数字解决方案，增加了无线传输或浏览的约束条件，是视频监控系统按传输介质的另外一种分类。由于传输链路和浏览终端的差别，因此单独把它提出来，作为视频监控和其他系统互通的一个典型示例。当然智能终端远程监控系统和其他业务网络共同使用时，也可能会融为一体。在任何的可连接Internet的地方都可通过移动终端访问监控设备进行远程监控。

对于监控系统而言，用户对其功能的需求已经体现出多元化与系统化。智能终端远程监控主要表现出以下几个方面的需求：

（1）远程访问。

传统的视频监控一般是固定地点进行，而目前用户普遍要求访问地点不受时间地域限制，能随时随地访问被监控地点，被监控地点不一定是固定对象，也可能是临时对象或者移动对象。

（2）多人同时访问同一个监控点。

传统上，一个监控点一般是被一个监控中心（用户）访问。而目前，同一个监控点很可能会同时被多个用户访问，并且这些用户之间可能毫无关系，多个用户持有不同的移动终端访问设备（iPad、手机）。用户访问的复杂化将要求系统强化对访问权限的管理。

（3）监控点趋向分散，同时监控趋向集中。

属于同一用户的监控点越来越分散，不受地域所限。而对这些分散的监控点，需要集中管理与控制。这看似矛盾，实则统一。

（4）分布布线不在规划范围内但是确有需要的地方。

如道路交通、无人值守的变电站、油田生产管理（荒野、偏僻地区）、电信机房监控等领域，这些领域的监控点分散，距离较远，布线困难。

（5）要求监控系统具有开放性和扩展性。

同一系统应当支持多种不同类型的监控设备，用户数、被监控点的数量可以方便地增减。

（6）无线传输和无线查阅。

智能终端远程监控包含前端和后端。对前端而言，信号采集可以有线或者无线方式实现（如3G），传输链路也可能以无线方式出现（如微波等），但对后端而言，后端查看一般以无线（Wi-Fi、3G）方式进行，如手机、iPad。监控系统要求终端设备具有很好的无线接入能力；须具备“网络缓冲技术”和“网络防抖动”技术，复杂的无线网络情况下视音频传输具有良好的适应性。对应急指挥车及偏远的环境的重点对象、敏感对象的监控，以及移动驾驶的长途汽车监控上有重大现实意义。

（7）海量数据存储。

网络化使得传统的本地录像功能可以转移到远程服务器上来实现，使得海量数据存储成为可能。同时，也要求系统具备更强的存储、检索和备份等功能。

（8）信息安全。

系统复杂化，用户的多元化，加上视频监控本身的业务特点必然要求对系统对信息安全提供有力的保证。

(9) 智能终端远程监控。

未来的视频监控系统将不仅仅局限于被动地提供视频画面，更要求系统本身有足够的智能，能够识别不同的物体，发现监控画面中的异常情况，以最快和最佳的方式发出警报和提供有用信息，从而更加有效地协助使用者处理危机，并最大限度地降低误报和漏报现象，成为应对袭击和处理突发事件的有力辅助工具。智能视频监控还可以应用在交通管理、客户行为分析、客户服务等多种非安全相关的场景。

8.7.2 工作原理

智能终端远程视频监控系统前端的摄像机（普通或者高清，模拟或者数字均可）可以通过有线或者无线方式将视频信号传输到网络硬盘摄像机，通过视频编码器进行数字化，手机或者平板电脑等移动终端通过访问网络硬盘摄像机取得视频信号。此外，如果前端是网络摄像机的话，移动终端还可以不通过网络硬盘录像机而直接访问网络摄像机 IP 地址获得信号，如图 8.22 所示。

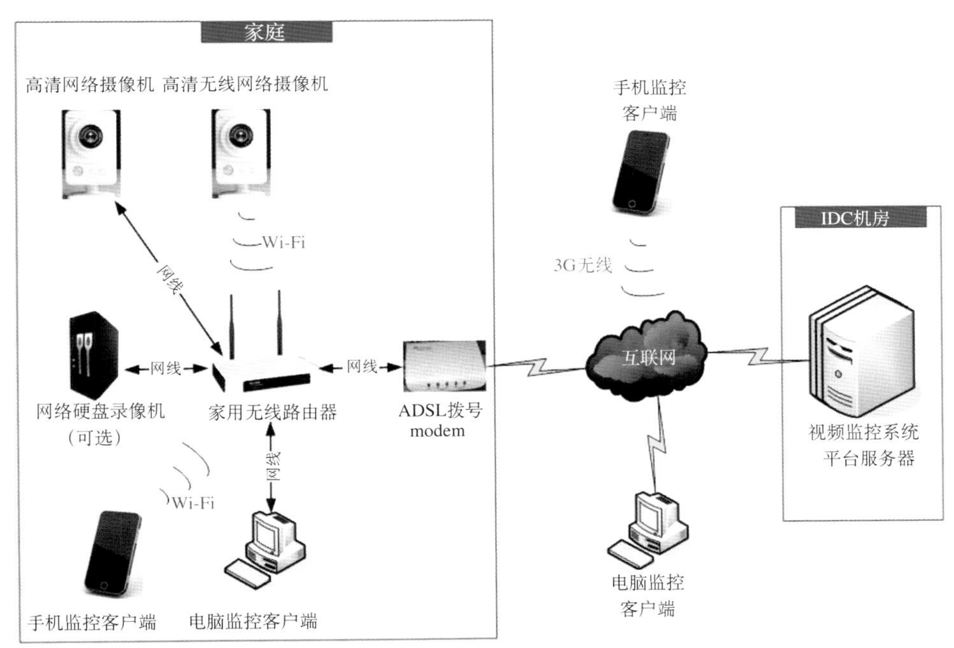

图 8.22 智能终端远程传输示意图

智能终端远程视频监控系统通过 RS485 数字通信方式实现远距离对前端云台、镜头及其他辅助设备的实时控制。

8.7.3 主要应用

(1) 特定行业移动性无线视频监控。

目前，特定行业用户的监控系统如国内的平安工程、交通道路监控、检验检疫的电子监管视频监控等，多为大型化的城域性甚至全国性的行业视频监控系统。高端行业用户对监控系统的要求很高，不仅包括了有线图像能够实时看得清、录像存得好、云台控制等指令响应得快等，同时还增加了对无线视频采集（如交通巡逻、平安城市移动巡逻、城管移动巡逻与执法等）及移动视频观看和控制的应用要求。

（2）智能家居及商业监控，如民用级家庭安防（看护）、中小商铺联网。

随着生活水平的提升以及对安防监控要求的提高，家庭安防报警及无线视频监控市场需求逐步增加，智能化的产品越来越受到消费者的青睐。一个会移动的家、会认人的防盗系统逐渐由概念转化为现实，市场趋于成熟。手机等移动终端监控家庭成为现实，摄像机还可以根据指令拍摄下家中的实时视频画面，并发到主人手机中。如：中国移动已推出首款针对智能家居的家庭产品“宜居通”，目前已在全国 26 个省（自治区、直辖市）开通。

（3）特殊环境场合，如医院、森林防火、地铁、公交、环境环保等监控具有特殊应用环境的行业。

在森林防火、环保检测等领域，地域广、监控点稀疏，有线线路户外架设及维护成本非常高，无线视频监控则发挥了其重要的应用价值。

8.7.4 案例介绍

（1）家庭用的网络摄像头接收传输数字信号。

前端网络摄像头设备采用域名解析和端口映射的方式，网络摄像头通过 Wi-Fi 与 3G 链路直接传输数字信号，用户可以使用网页浏览、手机等多种方式提取前端采集到的视频流、音频流、报警信息，并根据监控用户要求操纵前端设备。图 8.23 为一部手机视频监控效果截图。

图 8.23 手机视频监控效果截图

（2）3G 智能监控报警系统。

某医院建设了 3G 智能监控报警系统。前端摄像机可以集万向云台、多功能解码器、红外为一体的低速球形云台，通过手机按键远程控制云台上下左右转动。内置 3G 手机卡与终端探头无线连接，最大限度地减少了系统部件的连接，简化了安装过程，维护简单。大大提高了系统的可靠性。摄像机接到探测器报警信号后，自动启动视频电话向接警手机拨号报警，接通后将现场视频图像实时发送到手机，区别于传统的语音、短信报警方式。

手机视频监控系统拓扑图如图 8.24 所示。

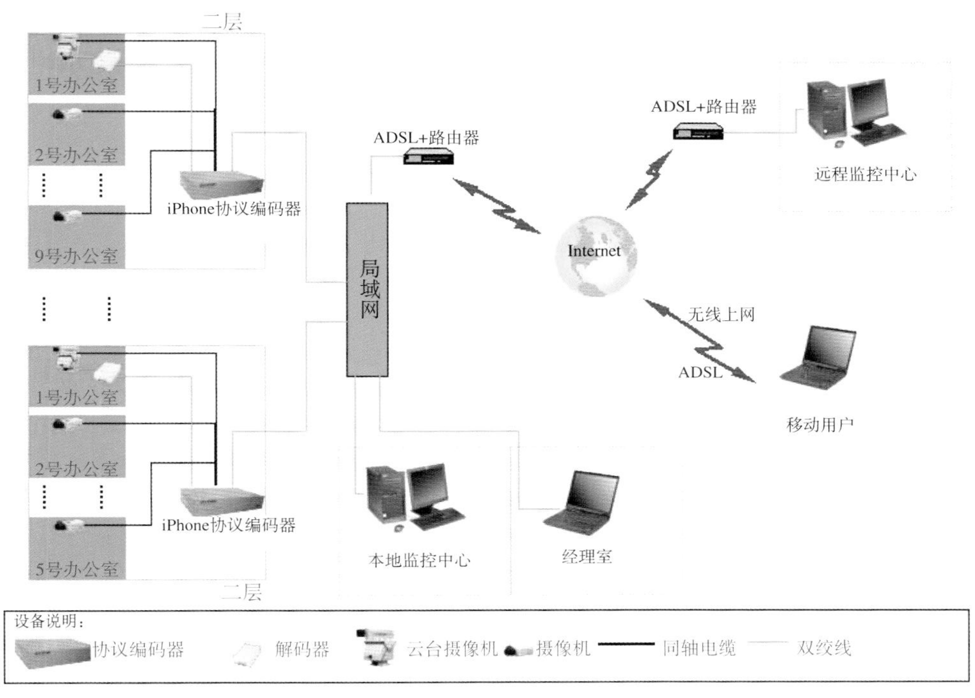

图 8.24　手机视频监控系统拓扑图

（3）某油田生产基地。

某油田地理位置偏僻，油水井分散，有时候抄一遍表就要花上一天时间，下雨下雪更是难上加难，增加很多风险。为此，油田开始实施信息化的进程。考虑到终端设备移动不方便、部署复杂麻烦，地理偏僻、布线麻烦等局限性特点，最终采用无线视频监控系统，让工作人员可以通过网络远程管理查看油水井仪表，从而解放人力物力，大幅度提高工作效率。监控系统已成为一线工作中不可缺少的工具。

远端采油井场主要实现本地的音视频输入和远端音频输出及音视频信号传输。

数字网络摄像机安装在采油井场上前方，安装的时候尽量避免直射灯光。选用的摄像机配置麦克风、高音喇叭接口，将本地的麦克风、高音喇叭与数字摄像机接口连接，实现音频的输入（输出）。一旦发现问题，可以远端发出警告，及时制止预防不端情况发生。还可以在摄像机旁安装配备麦克风和喇叭接口，需要的时候插上麦克，就像在飞机上看视频一样，同样实现语音对讲。图 8.25 为某油田 3G 视频监控示意图。

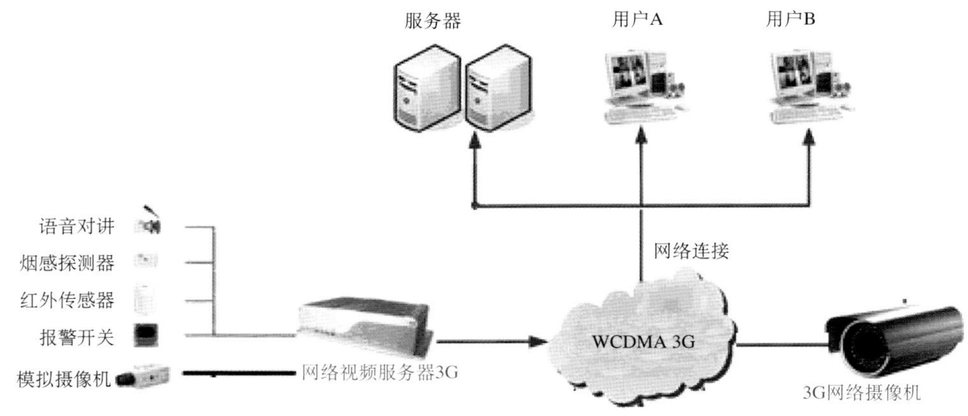

图 8.25　某油田 3G 视频监控示意图

8.8　企业微博

近年来，互联网兴起了微博这一全新的信息传播平台，受到了越来越多的网民的关注，用户数量爆发性增长。

8.8.1　概述

（1）微博概念。

微博在英文中被称为 Microblog，目前对微博的理解不尽统一。国内较为广泛认可的微博定义是："微型博客"的简称，即迷你型博客，是一个基于用户关系的信息分享、传播以及获取平台。用户可以通过 Web、WAP 以及各种客户端组件，以 140 字以内的文字更新信息，并实现即时分享。本文将微博简单定义为"一种利用关注机制分享简短内容的广播式的社交网络平台"。

（2）微博发展历程。

①微博的起源：2006 年，全球第一家微博网站 Twitter 在美国创立。这种新的信息传播方式的出现，让每一个"小我"都有了展示自己的舞台，引领了大量用户原创内容的爆发式增长。正如很多 Twitter 用户所认为的，Twitter 为世界带来了一个"人人都能发声，人人都可能被关注的时代"。

②中国微博的起源：微博在 2007 年进入中国，2009 年 8 月随着新浪微博进入公测开始快速崛起。国内用户使用的微博均为国产，新浪、搜狐、网易、腾讯 4 大门户网站的微博产品主导着市场。截至 2012 年 6 月，新浪微博用户已达 2.74 亿个。

（3）企业微博。

企业微博的定位是快速发布企业新闻、产品、文化等的互动交流平台，同时对外提供一定的客户服务和支持反馈，形成企业对外信息发布的一个重要途径。另外，通过对微博舆情进行监测，由企业微博实现正面舆论引导和危机公关。

表 8.1 列出了企业微博的 5 类主要用途。

表 8.1　企业微博 5 类主要用途

利用微博宣传企业	提高企业品牌知名度；宣传企业经营理念；新产品（服务）的推广宣传
利用微博加强客户联系	进行客户关系管理；提供售前咨询；提供售后服务；争取新客户
利用微博促销及引导消费	引导、教育消费习惯；发布行业信息；开展促销活动；向官方网站导入流量
利用微博了解需求与行情	搜索发现市场需求；收集竞争对手的信息；征集产品 / 服务的需求
利用微博进行舆情监控	进行负面信息监测；实施危机公关

（4）微博发布的主要内容：

①公司动态；

②澄清不实传言；

③应对突发事件；

④回应热点问题；

⑤行业知识、行情分析；

⑥企业故事、员工故事；

⑦话题与活动；

⑧回应客户服务类咨询；

⑨社会公益事业。

（5）企业微博集群。

企业微博不应该是单个存在的信息孤岛，而应该是在同一个传播战略之下的立体协作的“企业微博集群”。表 8.2 列出了企业微博成员及其主要作用。

表 8.2　企业微博成员类别

类　别	概　念	主要作用
企业官方微博	以企业集团在工商注册的名称为微博昵称关键字而开通的微博账号	主要用于以企业的名义，向社会公众、消费者传递企业的思想文化、经营理念、品牌、产品和服务等资讯，同时承担着舆情监控等重要任务
下属单位官方微博	以企业集团下属的分支部门、子公司、分公司以及直属事业单位的名义开通的微博账号	主要作用同企业官方微博
企业领导微博	以企业领导个人名义开通的微博账号（概念外延包括依据组织职级划分的高层管理者、中级管理者在内的所有个体微博）	企业领导微博是企业文化和品牌资产，不仅是领导个体形象的展示窗口，更是企业整体形象的代言窗口。通过领导个人微博所释放出的人格魅力和影响力，可增强和带动公众对企业的信任和喜爱，并转移至企业品牌。因此企业领导微博应该与企业微博集群形成良好的互动
专家微博	由拥有深厚的行业、技术、研究和管理经验，在企业内部及行业、产业具有一定公信力、知名度和权威话语权的专家以个人名义开通的微博账号	与企业微博集群形成良好的互动
员工微博	企业任职的员工以个人名义开通的微博账号	与企业微博集群形成良好的互动

8.8.2 企业微博管理

（1）组织管理。

科学合理的微博组织管理，能够有效地协调企业内外部的各种信息和资源，提高微博系统运营的工作效率和传播效益，并确保企业微博在传播过程中的安全、顺利、增值和收益。

企业微博组织架构如图 8.26 所示。

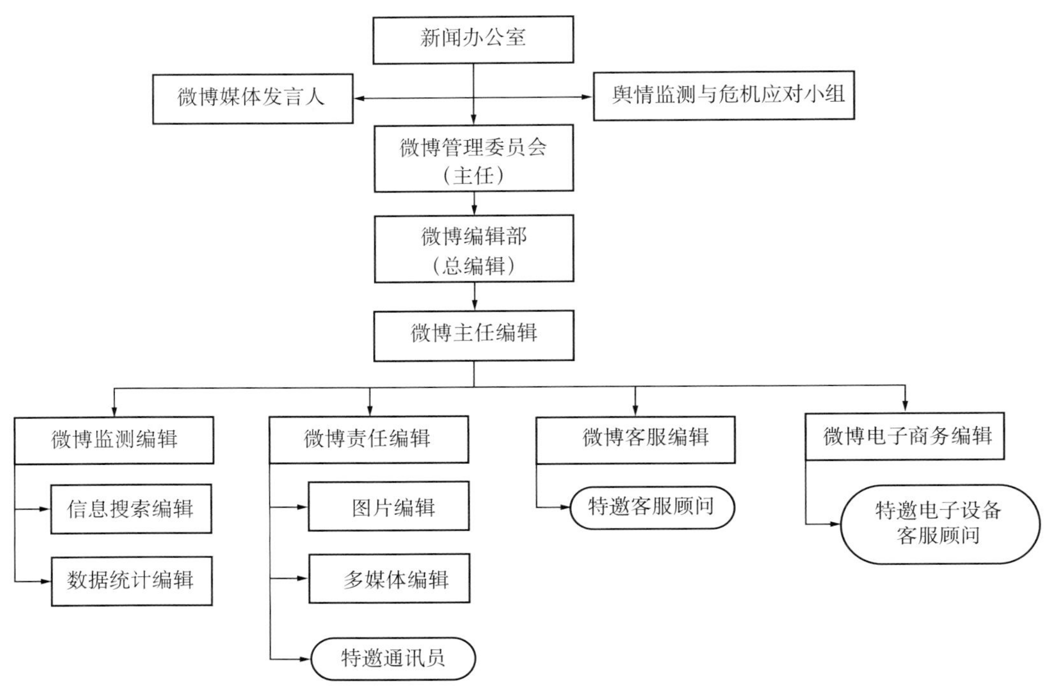

图 8.26　企业微博组织架构图

①微博管理部门：应明确企业微博管理部门，负责协调企业各级各类官方微博。是领导微博和个人微博对外发布的审核部门。

②微博发言人：微博发言人是对微博所涉及企业重大经营管理事项、重要商务活动、社会关注的热点问题、行业关注的问题、重大突发事件、经营政策、客户服务、组织决策等所有与外部公众利益直接相关的问题，提供的一种接受公众公开咨询、质询和问责答复的职责安排。

③微博管理委员会：微博管理委员会是企业最高微博行政管理机构，是微博管理部门的执行机构，系统管理和协调各级各类微博编辑部的日常管理运营工作。

④微博编辑部：微博编辑部是负责企业各级微博运营与管理的专业机构。各级微博编辑部在各自微博的维护内容与职责范围内，规划与本级别微博职责相符的内容体系设置和运营管理与维护。

⑤微博舆情监测与危机应对小组：通过在各级各类企业官方微博编辑部设立常态化的“微博舆情观察哨”，实时关注和监测与企业经营范围和项目、企业领导人相关的微博话题和信息；及时识别可能由微博新媒体平台滋生和传播的负面风险，做好微博危机预警和应

对预案，抢时间、给事实、表态度、给服务；监测微博编辑部成员日常与网络公众之间的互动交流是否合乎规范，避免危机和风险因内部不恰当的沟通交流而产生；努力将微博新媒体打造成为公众诉怨处理中心、企业经营合理化建议的信息协调中心，将所有可能的危机风险排查处理在萌芽状态。

（2）企业微博的协同管理。

细分职能与功能之下的企业微博系统，在微博线上可以形成组织微博（包括企业官方微博、品牌官方微博、产品官方微博等）与个体微博（包括领导官方微博、专家微博及员工微博）之间立体交叉形成的矩阵式互动与协同，使得企业微博的传播力产生“集群效应”和“联动效应”。

①企业微博之间：信息对流、内容互动。

②企业微博群与个体微博群之间：信源供稿、传播协同。

③个体微博群垂直系统的协同：团队凝聚、互为支撑。

8.8.3 企业微博营销管理系统选用

做好企业微博应用，需要一套企业微博营销管理系统进行支撑。由于企业微博诞生时间较晚，目前市场上的企业微博营销管理产品基本都处于“具备基本功能，同时边探索、边研发、边升级”的状态，尚无一款集功能的完备性、先进性于一体的产品。

（1）微博营销管理系统调研。

①新浪企业微博 2.0：于 2012 年正式上线运行，是新浪发展企业微博的核心战略产品。相比之前的版本，新浪企业微博 2.0 提供更有效的品牌形象展示、更全面的数据评估功能、丰富便捷的应用扩展服务，如图 8.27 所示。

图 8.27 新浪企业微博 2.0 首页

②微动企业微博营销管理平台：跨平台，多账号统一管理，具有信息定时发布功能，并且可多条定时发布，提高了企业微博发布的效率和可控性。为了方便企业的日常内容维护，还提供了庞大的内容精选库，并进行分类，企业可以有选择性的挑选出跟自己有关的内容进行日常微博的更新。如图 8.28 所示。

图 8.28　应用广场

③微博管理行家：微博管理行家由上海嘉道信息技术有限公司开发，是中国首家社会化媒体管理平台，致力于帮助有意在微博上进行品牌营销的用户，提供快捷的日常管理和定制化的运营服务。如图 8.29 所示。

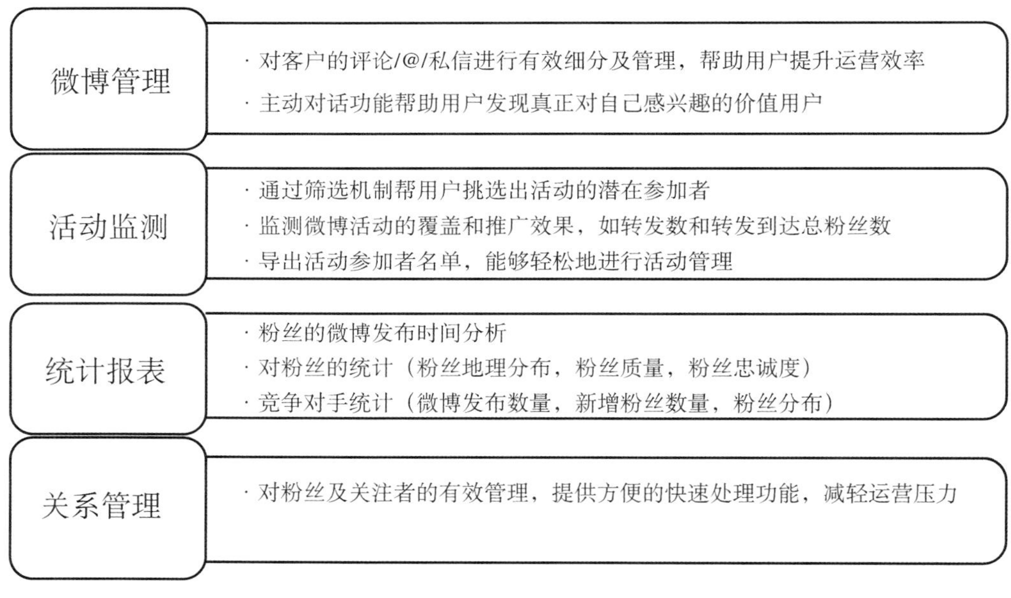

图 8.29　产品特色

（2）调研分析。表 8.3 列出了三种产品的优势和劣势。

表 8.3 产品比选表

产品	优势	劣势
新浪企业微博 2.0	（1）新浪微博官方推出的产品，具备其他品牌产品不可比拟的兼容性； （2）独有品牌展示功能； （3）拥有开放的第三方应用（App）平台，具有极强的可扩展性； （4）用户企业可根据需求自行定制应用	不具备舆情监测功能，但可依托第三方开发 App 来实现
微动网企业微博营销管理平台	无明显优势	不具备舆情监测功能
微博管理行家	（1）基本功能完备； （2）具备实用程度高的舆情监测功能模块	无明显劣势

8.8.4 展望

当前互联网高速发展，逐渐呈现出系统化、社会化和移动化三个趋势。

（1）系统化：整个信息产业进入大数据时代，人人都在产生和提供数据。

（2）社会化：高度个性化，开启“用户为中心”的时代。

（3）移动化：重新定义新闻生产与消费的时空。

微博时代已经到来，只有顺应发展，持续关注微博的发展动向，积极有效地应对，才能使微博为我所用。

8.9 二维码应用

二维码技术从 20 世纪 80 年代末开始出现，是在一维条码无法满足实际应用需求的前提下产生的。由于受信息容量的限制，一维条码通常是对物品的标识，而二维条码是对物品的描述。所谓对物品的标识，就是给某物品分配一个代码，代码以条码的形式标识在物品上，用来标识该物品以便自动扫描设备的识读，代码或一维条码本身不表示该产品的描述性信息。

经过 20 多年的推广应用，二维码技术在市场上大派用场。随着二维码的日益普及，二维码的应用正在迅速扩大，把人们从繁琐和重复的工作中全面解脱出来。在北京、上海、广州等大城市，越来越多地通过二维码方式提供新式商业应用。

8.9.1 二维码定义

二维码（2-dimensionalbarcode）又称二维条码，是用某种特定的几何图形，按一定规律在平面（二维方向）上分布的黑白相间的图形记录数据符号信息。它在代码编制上巧妙地利用构成计算机内部逻辑基础的“0”、“1”比特流的概念，使用若干个与二进制相对应的几何形体来表示文字数值信息。通过图像输入设备或光电扫描设备自动识读，可实现信息自动处理。二维码能够在横向和纵向两个方位同时表达信息，因此能在很小的面积内表达大量的信息。

8.9.2 二维码分类

国外对二维码技术的研究始于20世纪80年代末，已研制出多种码制，全球现有的一维码、二维码多达250种以上，其中常见的有PDF417、QRCode、Code49、Code16K、CodeOne等20余种。二维码技术标准在全球范围得到了应用和推广。美国讯宝科技公司（Symbol）和日本电装公司（Denso）都是二维码技术的佼佼者。我国已制定了两个二维码的国家标准，即GB/T 17172—1997《四一七条码》和GB/T 18284—2000《快速响应矩阵码》。

8.9.2.1 按码制分类

二维码按码制分类通常分为以下两种类型：

（1）行排式二维码（2D Stacked Bar Code），又称堆积式二维码或层排式二维码，其编码原理是建立在一维码基础之上，按需要堆积成二行或多行。有代表性的行排式二维码有PDF417、CODE49、CODE 16K等。

（2）矩阵式二维码（2D Matrix Bar Code），又称棋盘式二维码。具有代表性的矩阵式二维码有QR Code、Data Matrix、Maxi Code、Code One等。目前得到广泛应用的二维码国际标准有QR码、PDF417码、DM码和MC码。

① QR码。QR码是1994年9月由日本Denso Wave公司研制的一种矩阵式二维码。QR是英文“Quick Response”的缩写，即快速反应的意思，源自发明者希望QR码可让其内容快速被解码。QR码呈正方形，只有黑白两色。在4个角落的其中3个角落印有较小的像“回”字的正方形图案，它是帮助解码软件定位的图案，这样使用者就不需要对准，无论以任何角度扫描，资料都能正确地被读取。如图8.30所示。它除具有二维码所具有的信息容量大、可靠性高、可表示汉字及图像多种信息、保密防伪性强、容易制作且成本很低、编码范围广等优点外，还具有以下特点：

a. 超高速识读。QR码的超高速识读特性，使它适宜应用于工业自动化生产线管理等领域。识读速度达到每秒30个。

b. 全方位识读。QR码具有全方位（360°）识读特点。

c. 能够有效地表示数字型数据（数字0～9）、字母数字型数据、8位字节型数据、日本汉字字符、中国汉字字符（GB 2312—1980《信息交换用汉字编码字符集　基本集》对应的汉字和非汉字字符）。

图8.30　QR码示意图

日本QR码的标准JIS X 0510在1999年1月发布，而其对应的ISO国际标准ISO/IEC18004，则在2000年6月获得批准。根据Denso Wave公司的网站资料，QR码是属于开放式的标准，任何人可以自由使用。由于移动设备无法配备全尺寸键盘，造成数据录入的不便。随着移动设备上摄像头的普及，这种天生缺陷给 QR 码带来了巨大的空间，也为数据交换提供了新方式：发送方可将简短内容转化为 QR 码，而接收方只需通过拍照和扫描，即可将其快速转换为数据或操作。对于信息量较大的场景，可将信息存储于网络，并将访问链接生成二维码，达到快速分享和传播的目的。QR 码已成为在移动设备上应用最广的二维码技术之一，发挥着越来越重要的作用，在文字传输、内容下载、快速网址、身份鉴别、商务交易等方面都有应用。iOS、Android、WP7 等平台现存多款二维码解码应用，未来二维码识别更可能直接内置于移动设备的操作系统中。

② PDF417 码是由美籍华人王寅敬（音）博士发明的。PDF 是英文 Portable Data File 的首字母缩写，意为“便携数据文件”。因为组成条码的每一符号字符都是由 4 个条和 4 个空构成，如果将组成条码的最窄条或统称为一个模块，则上述的 4 个条和 4 个空的总模块数一定为 17，所以称 417 码或 PDF417 码。

③ DM 码的英文全称为 Data Matrix，中文名称为数据矩阵。由美国国际资料公司（International Data Matrix）于 1989 年发明。DataMatrix 是一种矩阵式二维条码，可表示全部 ASCII 字符及扩展 ASCII 字符。

它有两种类型，即 ECC000-140 和 ECC200。ECC000-140 具有几种不同等级的卷积纠错功能，而 ECC200 则使用 Reed-Solomon 纠错。DM 采用了复杂的纠错码技术，使得该编码具有超强的抗污染能力。主要用于电子行业小零件的标识，如 Intel 的奔腾处理器的背面就印制了这种码，DM 码由于其优秀的纠错能力成为韩国手机二维码的主流技术。

④ MC（MaxiCode）码，又称牛眼码，是一种中等容量、尺寸固定的矩阵式二维码，它由紧密相连的六边形模组和位于符号中央位置的定位图形所组成。可表示全部 ASCII 字符和扩展 ASCII 字符。

MaxiCode 专门为高速扫描而设计，主要应用于包裹搜索和追踪上，是由美国联合包裹服务（UPS）公司研制的，用于包裹的分拣和跟踪。MaxiCode 的基本特征：外形近乎正方形，由位于符号中央的同心圆（或称公牛眼）定位图形（Finder Pattern），及其周围六边形蜂巢式结构的资料位元所组成，这种排列方式使得 Maxicode 可从任意方向快速扫描。

8.9.2.2 *按识读原理分类*

二维条码的识读设备依识读原理的不同可分为：

（1）线性 CCD 和线性图像式识读器（Linear Imager），可识读一维码和行排式二维码（如 PDF417）。

（2）带光栅的激光识读器，可识读一维码和行排式二维码。

（3）图像式识读器（Image Reader），可识读一维码和二维码。

8.9.3 二维码应用

随着智能手机和摄像头的普及，人们随手打开一本杂志、传单，甚至在某家店面的墙上，已经随处可见一些二维码。这个四四方方的小图案，会给人们带来便捷的资讯。二维条码和磁卡、IC 卡、光卡相比较，其抗磁力、抗静电、抗损性都要优于其他。特别是可折叠、可局部穿孔、可局部切割是其他卡没法相比的。只要在手机上安装上相关二维码识别软件，就可以让其发挥作用。

应用 1　拍下二维码即可打开网页。

一个二维码的广泛应用就是“打开相关链接”。此前许多企业如果需要消费者打开某个链接去参加某项活动或了解活动的详情，往往不得不在宣传单上打印一个长长的网络地址。很显然，消费者多半也不会去打开这个一大串英文字母的网络地址。一些企业尝试通过二维码方式成功地解决了这一问题。在商家的宣传广告拍摄该二维码就会自动打开链接。

用户可以用智能手机拍摄二维码，就能自动转接到相关下载页面。

应用 2　扫描二维码即可购物。

二维码可用于购物。这些被冠以“闪购”的二维码购物行为正被越来越多的 80 后、90 后所接受。用户只需要在杂志、报纸、DM 单或商品上看到二维码，通过手机摄像头扫码即可实时下单，实现见物购物、随时随地买卖商品。电子商务型网站“1 号店”近期在北京和上海的公交车站竖起广告牌，人们只需拥有一部智能手机，对着感兴趣的商品图标旁的二维码拍摄，就可以购买该商品。这意味着手机用户可以在等车的空闲时间购买所需的商品。凭二维码可享受消费打折，也是业内应用最广泛的方式之一。

应用 3　用手机随时看房购房。

如果说运营商、基于位置的服务（Location Based Service，LBS）应用、网络零售商等相关公司采用二维码的应用并不稀奇，那么房地产商的二维码应用则是通信产业对传统产业应用渗透的标志。有房地产中介公司推出“房王二维码”服务，让客户不用输入冗长网址，就能随时通过二维码查看到该中介公司的推盘信息。支付宝公司已经推出二维码收款业务。

应用 4　买机票火车票和登机。

通过网络买到票后，可以收到二维码信息，完全可以拿着手机扫描二维码去登机，或者去消费。二维码电子票务，实现验票一体化已经成为现实。

应用 5　物流管理和质量回溯。

常见的有生产过程管理中的条码应用、在库存管理中的条码应用以及配送管理中条码的应用。在食品安全越来越重要的今天，如果给食物打上二维码标签，就可以开展质量回溯，有利于保障食品安全。

应用 6　安防类应用。

由于二维码具有可读而不可改写的特性，也被广泛应用于证卡的管理。将持证人的姓名、单位、证件号码、血型、照片、指纹等重要信息进行编码，并且通过多种加密方式对数据进行加密，可有效地解决证件的自动录入及防伪问题。一些重要的资料可以通过加密方式传递。

应用 7　成为传统媒体新的发展契机。

在日本、韩国等国家，二维码应用已非常普遍，普及率高达 96% 以上。早在 2006 年，我国就开始二维码的商业应用，但由于当时智能手机并不普及，第一轮的二维码产业并没有真正形成。2012 年成为了我国的二维码元年，全国每月扫码量超过 1.6 亿次，移动运营商、IT 巨头已经抢得先机，新兴二维码厂商也纷纷在这一年快速成长。几乎一半的二维码 / 条形码扫描来自于杂志和报纸，是扫描的最大热门来源。这意味着，二维码很有可能在将来成为传统的报纸、杂志的重要内容，当前已经在电视节目中发挥出重要作用。

8.9.4 二维码产业展望

我国二维码产业还处于成长期，总体来看，我国的条码标准体系尚显单薄，具有自主知识产权的二维码核心技术不多，二维码技术标准的应用和推广也存在一些困难。但是，各方面条件的逐渐成熟，正推动整个产业的发展提速。目前，几方面有利因素是我国二维码产业发展的重要驱动力。(1) 二维码自身的优势和价值将使其在全球范围内得到更广泛更深入的应用。(2) 作为物联网产业的重要技术，相关行业的发展将对二维码的发展起到推波助澜的作用。(3) 二维码与手机的结合，将开辟二维码更广阔的市场空间。经过了技术、应用推广和产业链的不断壮大，我国二维码市场日渐繁荣，未来 3 ~ 5 年将继续保持高速的成长态势。据业内预测，到 2015 年，二维码市场将超过 1000 亿元，会有 10000 家公司进入二维码行业。可以说，二维码将成为融合移动互联网、电子商务、云计算等领域的下一个金矿产业。

8.10 同步演示推送

平板电脑作为移动设备，观看、操作都很方便，很适合在会议上演示使用。

市面上已经有多款软件产品，可以支持屏幕共享、批注等，但大多需要付费购买。下面讨论两种免费的实现方案。

(1) 远程桌面实现。

原理与个人电脑的远程桌面类似，需要主控端作为服务器，实时截图并推送到客户端，客户端不下载具体的演示内容，但由于截屏和传图数据量较大，同步视频时会出现明显的卡顿，同步客户端越多对服务器要求也越高。这种方式的可选协议及软件有很多，例如 RPD、VNC 等，其中大部分是免费的。其特点是软件成熟，环境搭建容易，由于是截屏同步，所以不挑剔内容。见表 8.4。

表 8.4 远程桌面协议及软件

软件名称及特点	主控端	客户端
RDP（Remote Desktop Protocol） 仅适用于 Windows 平台，支持声音传输，仅支持独占方式，无法实现多人共享	Windows 操作系统内置 RDP，开启远程桌面即可	iOS：iRDP Lite（免费）/iRDP AV（收费） Android：详见《十款最棒的安卓远程桌面应用》
VNC（Virtual Network Computing）。 适用于多种平台，不支持声音传输，支持非独占方式，可实现多人共享	iOS：Veency（Cydia 上带安装，设备需“越狱”） MacOS：内置屏幕共享。建议安装 Vine Server *nix：TighVNC Server Windows：UltraVNC Server	iOS：Mocha VNC Lite（免费）/VNC Viewer（收费） MaxOS：Vine Client *nix：TighVNC Client Windows：UltraVNC Client

注：VNC 是开放兼容协议，因此主控端与客户端支持该协议即可自由连接，多种平台设备可互联。SSH 与 VNC 类似（安全性更高），非本文重点，此处略。

（2）Web 浏览器实现。

通过 Web 方式将主控操作同步到客户端浏览器，客户端直接访问具体内容，且该内容必须能被浏览器所支持。这种方案需要一些 Web 开发技术，比如用 HTML5+CSS3 实现动画效果、用 WebSocket 实现数据推送。其特点是无需安装客户端，一切在浏览器中实现，但需开发内容呈现及操作同步程序，且挑剔内容（需根据内容类型开发对应的 BrowserViewer）。

8.11 云技术应用

“云计算”的概念自 2007 年被提出以来，已成为 IT 行业最炙手可热的新概念之一。

在本案例中，某公司工作人员在学习研究的基础上进行了试验，搭建了公司云。对多种终端进行测试，如：Windows 操作系统 PC 或笔记本、Mac OS X 操作系统 PC 或笔记本、iPad 平板电脑、Android 平板电脑、Surface 平板电脑、iPhone 手机、Android 手机、Windows 手机，均可成功登录公司云，实现业务处理的功能。

8.11.1 拓扑图

图 8.31 所示为某公司云平台拓扑图。

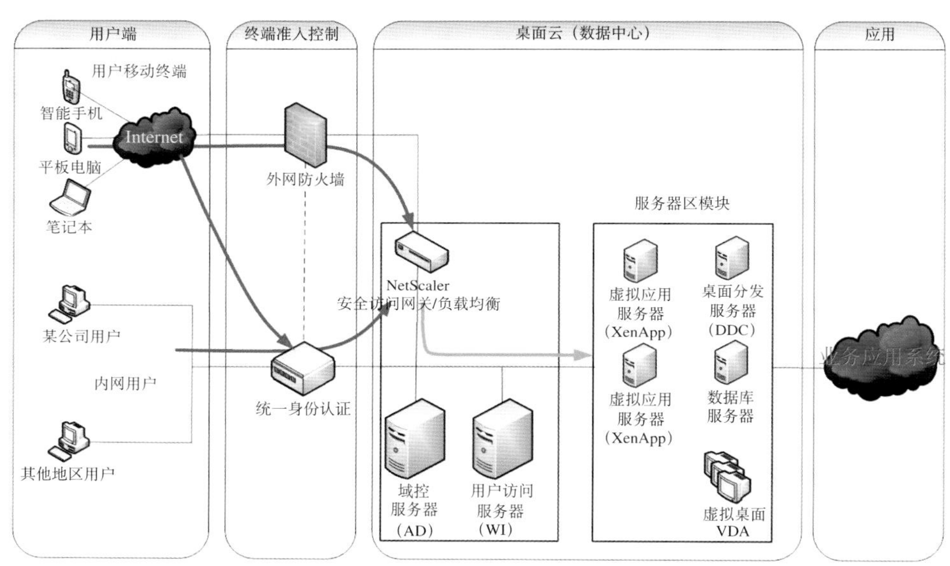

图 8.31　某公司云平台拓扑图

8.11.2 连接流程

云平台连接流程如图 8.32 所示。

（1）用户启动 View Client，连接安全服务器的公网地址；

（2）安全服务器接受用户的请求，建立安全隧道，并提示用户输入用户账户信息；

（3）用户账户信息将提供到 View 连接服务器；

（4）View 连接服务器将认证信息提交到域控制器；

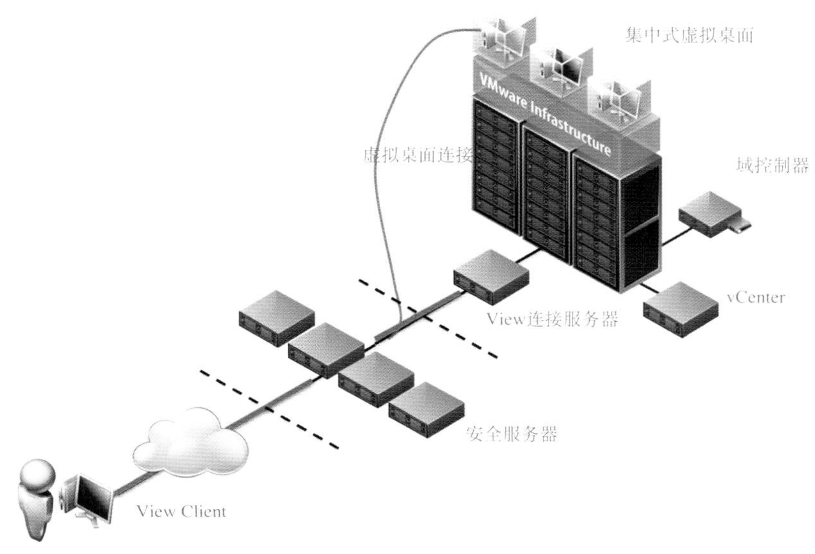

图 8.32　云平台连接流程示意图

(5) 域控制器反馈用户账户信息正确后，回应到连接服务器；

(6) 连接服务器收到回应后，将可用的桌面池信息显示到用户前端；

(7) 用户点击桌面池连接，通过安全隧道连接到后端虚拟机。

8.11.3　功能实现

在公司云平台上发布了工作平台、单位内部的应用系统、云桌面、Office、命令提示符、远程连接等办公应用程序及工具软件，员工在公司内网以及外网都可以登录公司云平台进行日常办公处理、应用系统状态查看、服务器设备调试和系统监测等业务的移动应用。如图 8.33 和图 8.34 所示。

图 8.33　云平台应用发布

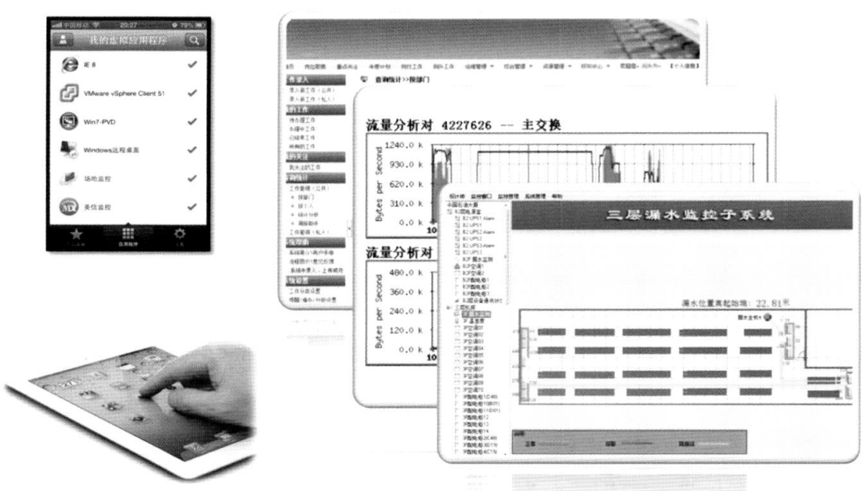

图 8.34　云平台系统监测

8.11.4　公司云使用

打开 IE 浏览器，内网登录在地址栏输入 10.8.**.***（外网登录输入 https：//itcloud.*****.com.cn），回车。在登录对话框输入用户名、密码，即可登录公司云。图 8.35 为某公司云平台连接界面。

图 8.35　某公司云平台连接界面

手机、平板电脑在安装客户端程序后，单击图标打开软件。单击［添加账户］，设置登录信息。图 8.36 为某公司云平台登录界面。

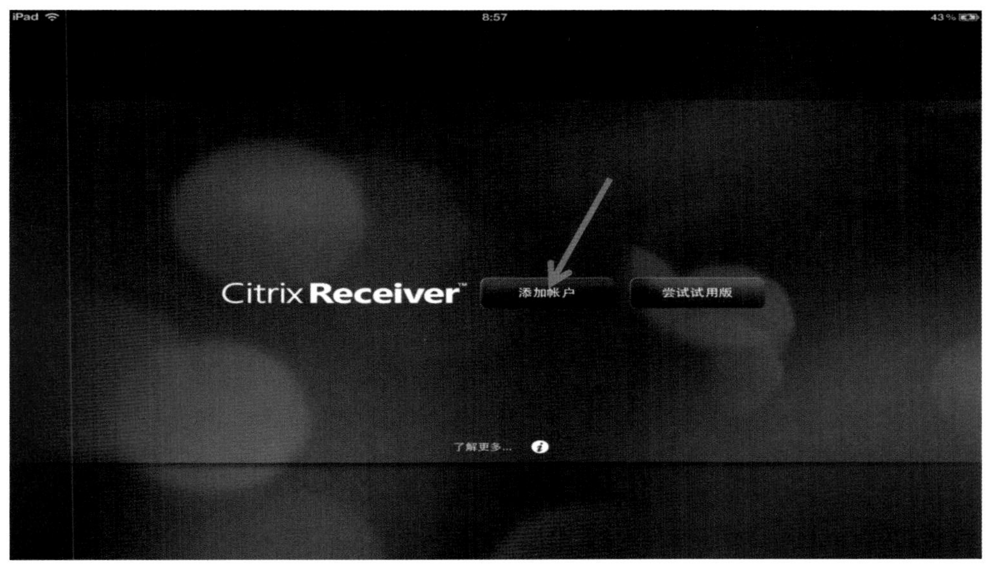

图 8.36　某公司云平台登录界面

在地址栏输入 10.8.**.***，单击下一步，验证服务器地址，如图 8.37 所示。

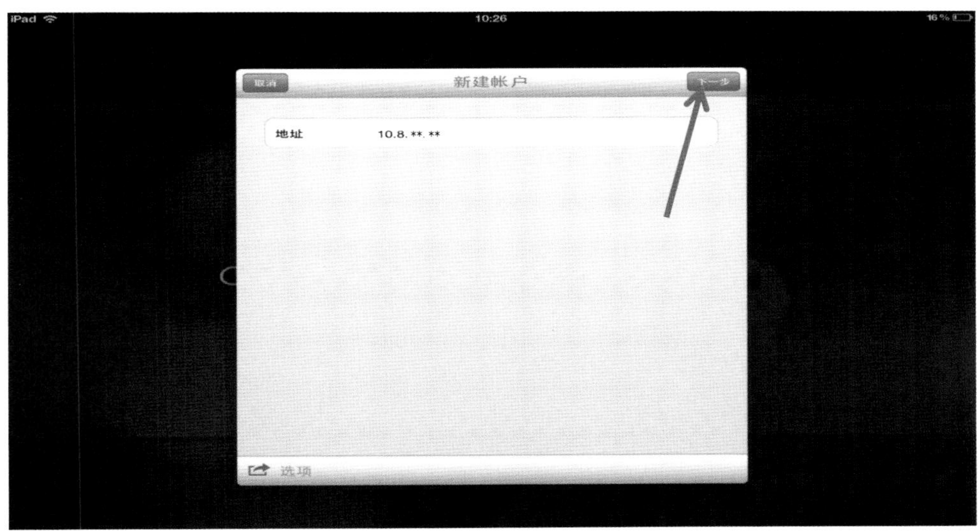

图 8.37　云平台验证

验证成功后，出现添加账户信息界面，［服务器地址］和［说明］已由服务器自动推送。输入用户名、密码、域（itcloud），单击［添加］即可登录公司云。

如图 8.38 登录成功，选择需要的应用即可开始使用。图 8.39 是某公司云平台登录主界面。

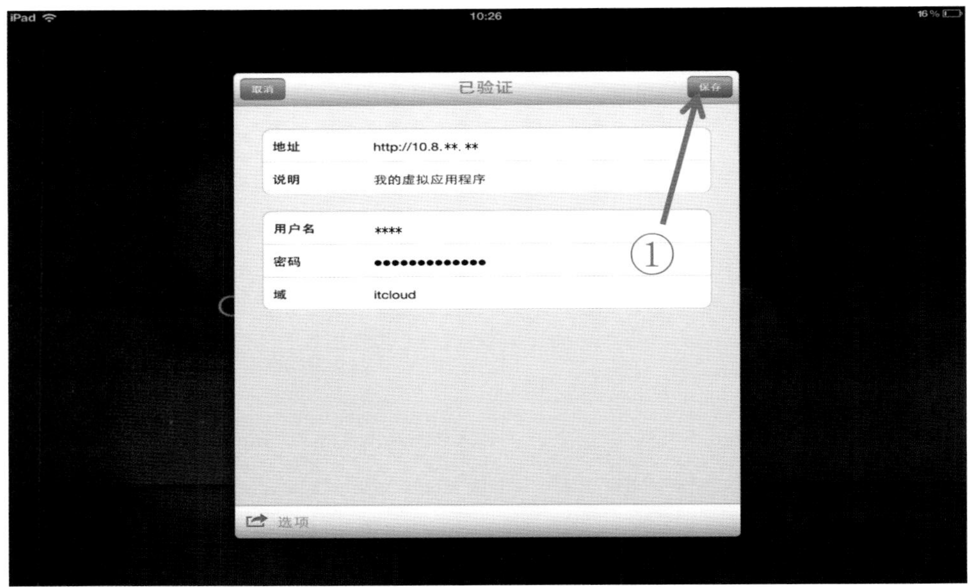

图 8.38　某公司云平台说明

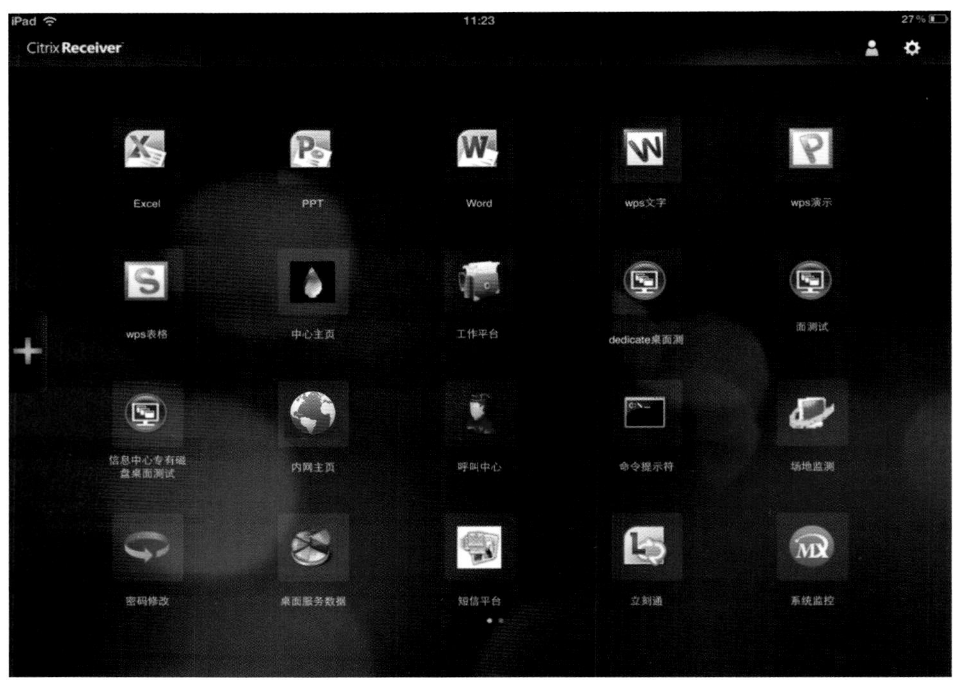

图 8.39　某公司云平台登录应用主界面

8.11.5 微云使用

8.11.5.1 在电脑上使用微云

（1）可以在 QQ 的应用管理器中打开微云，很便捷地上传和下载文件。如图 8.40 所示。

图 8.40 QQ 应用打开微云

（2）可以使用任何浏览器登录微云网页版（http：//www.weiyun.com）管理文件。如图 8.41 所示。

图 8.41 微云网页版登录

（3）如果需要两台电脑之间的文件保持同步，推荐安装 PC 版微云，可以极大地提升工作效率，同时可以使用微云的特色功能（微云传输、微云剪贴板）。如图 8.42 所示。

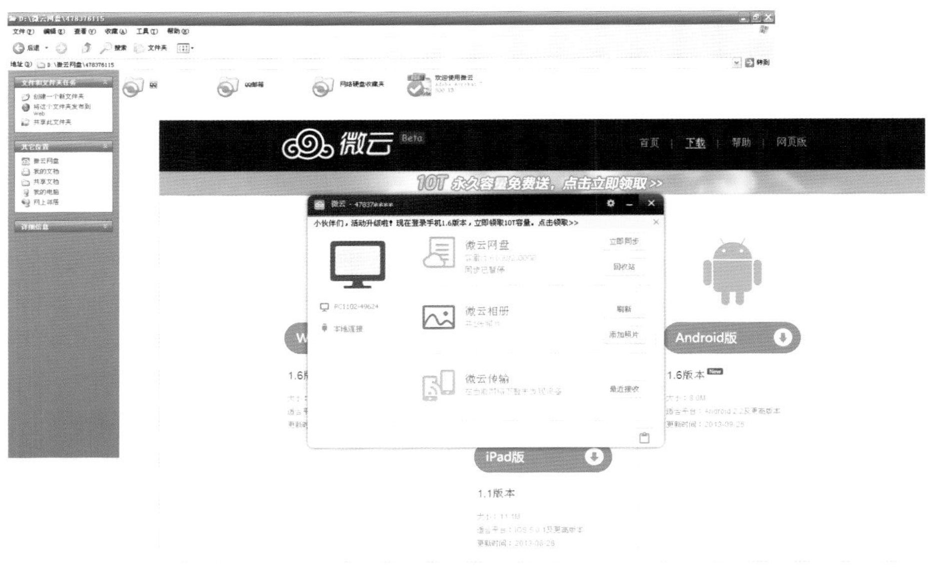

图 8.42　微云同步

8.11.5.2　*微云功能介绍*

（1）基本功能。

安装后可以看到微云主界面。可以使用微云网盘、微云相册、微云传输和微云剪贴板功能。微云主界面如图 8.43 所示。

图 8.43　微云主界面

①点击“上传按钮”可极速上传超大文件到微云网盘。如图 8.44 所示。

图 8.44　文件上传微云

②点击列表 / 缩略图按钮可以切换浏览模式，用最习惯的方式查找文件。如图 8.45 所示。

图 8.45　文件浏览

③生成文件的下载链接，经授权的任何人可以通过这个链接下载该文件。如图 8.46 所示。

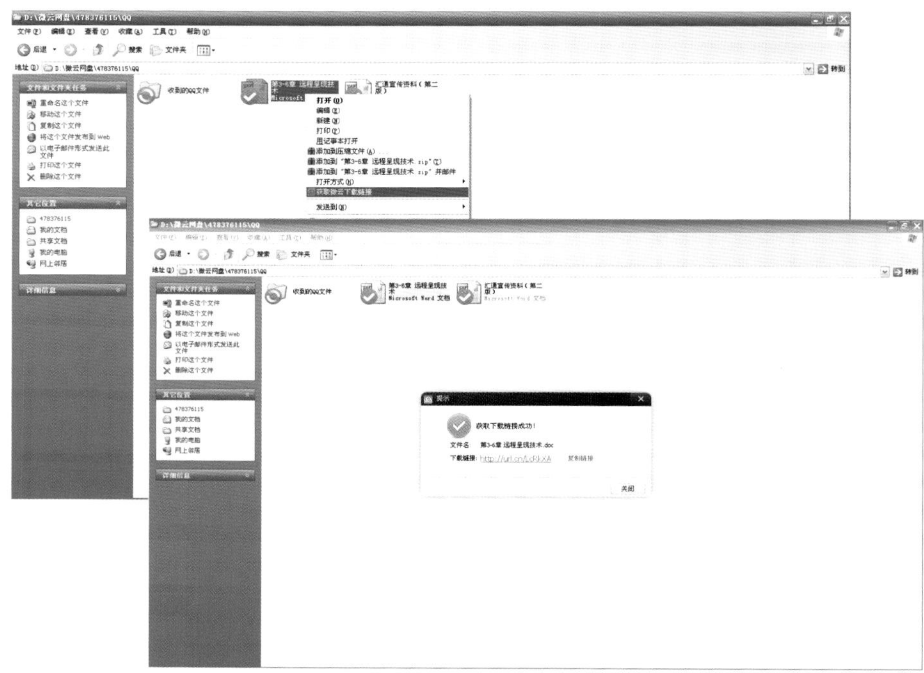

图 8.46　文件下载

④生活照片上传到相册，原图高清保存，安全、私密且不占用网盘空间。还可以使用 QQ 旋风批量下载这些照片到电脑。如图 8.47 所示。

图 8.47　照片下载

⑤可以查看或者下载这些照片，如果安装了手机版微云还可以在手机上浏览这些照片。如图 8.48 所示。

图 8.48　照片浏览

(2) 微云网盘。

微云网盘在多台电脑之间同步文件，提升工作效率。

①把常用的文档直接放在微云网盘里面。如图 8.49 所示。

图 8.49　文档存网盘

②每次编辑后，微云网盘就会自动同步。同步完成时右下角会出现小气泡提示。如图 8.50 所示。

图 8.50　微云网盘同步界面

③下次使用时，打开任何可上网的电脑或移动终端就可以继续编辑。如图 8.51 所示。

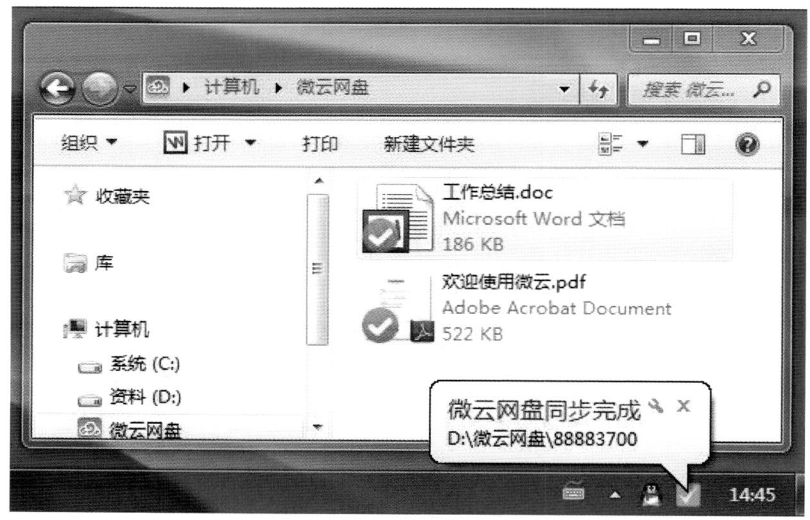

图 8.51　微云网盘自动生成新文件

④ outlook 邮件中的附件可以一键保存到微云。如图 8.52 所示。

图 8.52　邮件的附件一键保存

⑤网页上的图片可以一键保存到微云。如图 8.53 所示。

图 8.53　网页图片一键保存

（3）微云相册。

微云相册可以备份来自手机的照片，自动将照片下载到电脑。

（4）微云传输。

微云传输可以发送任何文件给处于同一 Wi-Fi 下的手机、iPad 和笔记本。

①将相关设备连入同一个 Wi-Fi 网络后就可以互相发现。如图 8.54 所示。

图 8.54　同一网络下和相关设备

②点击某台设备可发送照片、音乐、视频等任何文件。如图 8.55 所示。

图 8.55　发送文件

③在“最近文件”中可查找到最近接收或发送的文件。如图 8.56 所示。

图 8.56　最近接收的文件

（5）微云剪贴板。

微云剪贴板可以将一段文字发送到手机或电脑上，打通手机和电脑的剪贴板。

①复制一段文字或一个网址，此时复制的文本信息会显示出来。如图 8.57 所示。

图 8.57 复制信息

②点击发送或按下热键 Ctrl+D 即可将文字发送到手机上（热键可以在设置中修改）。如图 8.58 所示。

图 8.58 发送成功界面

③如果从手机上发送一条微云剪贴板信息，电脑会收到一条更新剪贴板的提示，此时不需要做任何操作即可将收到的文字粘贴出去。如图 8.59 所示。

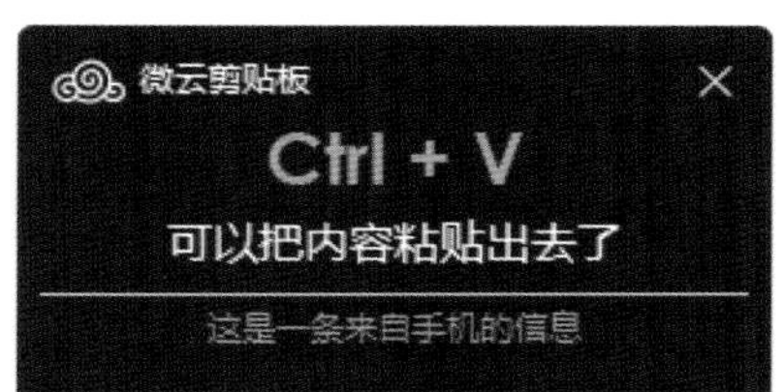

图 8.59 接收成功界面

8.11.5.3 微云手机版安装方式

（1）iPhone、iTouch、iPad 可以直接在 AppStore 中搜索“腾讯微云”下载安装；

（2）Android 系统的手机可以使用浏览器打开 weiyun.com 下载；

（3）如果不想做以上繁琐操作，还可以扫描二维码（图 8.60）快速安装。

图 8.60 二维码微云快速安装

参考文献

[1] 刘希俭 . 中国石油信息化管理［M］. 北京：石油工业出版社，2008.

[2] 官建文 . 中国移动互联网发展报告（2013）［M］. 北京：社会科学文献出版社，2013.

[3] 李开复 . 微博改变一切［M］. 上海：上海财经大学出版社，2011.

[4] 迈克尔 · 塞勒 . 移动浪潮［M］. 北京：中信出版社，2013.

[5] 乔纳森 · 齐特林 . 互联网的未来［M］. 上海：东方出版社，2011.

[6] 张传福 . 移动互联网技术及业务［M］. 北京：电子工业出版社，2012.

[7] 郑凤 . 移动互联网技术架构及其发展［M］. 北京：人民邮电出版社，2013.

[8] 李永婵，李安平 . 现代物品信息技术应用指南［M］. 北京：中国标准出版社，2008.